宇宙検閲官仮説

「裸の特異点」は隠されるか

真貝寿明　著

ブルーバックス

カバー装幀　芦澤泰偉・児崎雅淑
カバー画像　提供：アフロ／ボッティチェリ『ヴィーナスの誕生』
本文デザイン　齋藤ひさの
本文図版　さくら工芸社

はじめに

「宇宙検閲官」という不思議なタイトルにひかれて、この本を手にとられた方も多いと思います。ご存じのように検閲官とは、公序良俗を乱すような「不適切な表現」が、公衆の目にふれないように取り締まる役人のことですが、宇宙にもそのようなものが存在している（に違いない）という考えが「宇宙検閲官仮説」です。提唱したのは、２０２０年にノーベル物理学賞を受賞したロジャー・ペンローズ（１９３１〜）です。

では宇宙検閲官は、宇宙でいったい何を取り締まっているのでしょうか。それは「特異点」です。特異点とは、あらゆる物理法則が破綻をきたしてしまう「無限大」を導く点です。物理的には「あってはならない」不適切な場所なのです。

ペンローズは１９６０年代に、「特異点定理」を発表しました。それによって、ブラックホールのように重力で崩壊していく物質（星）の内部では、特異点が自然に出現することが証明されてしまいました。それでも特異点がブラックホールの内側に隠されていれば、宇宙の「公序良俗」を乱すほど不適切な存在とはならないのですが、問題は、特異点にはどうやらブラックホールという〝服〟を着ていないものもあるらしいことです。何も身にまとっていない特異点が存在すると、物理法則は宇宙について予測することが不可能になってしまい、たいへん困ります。

このような厄介な特異点を、ペンローズは「裸の特異点」と名づけました。そして、宇宙には、物理法則が予測不能となる事態に陥るのを避けるため、あたかも検閲官のように裸の特異点を取り締まってくれる存在がいるはずだと、願望をこめて想定したのです。これが宇宙検閲官仮説です。

しかし現在もなお、宇宙検閲官仮説は仮説にすぎません。はたして、宇宙には本当に検閲官がいて、物理法則が破綻しないように特異点から守ってくれているのか、いまだにわからないのです。本書は、悩める物理学者たちと特異点との攻防を、最新研究の現状も含めて紹介していくものです。

特異点が生じるかどうかを分けるのは、一般相対性理論という物理理論です。これは１９１５年にアインシュタインが発表した重力についての理論で、「質量があると時空が歪《ゆが》み、歪んだ時空が重力の源である」と説明するものです。一般相対性理論からは、ブラックホールの存在、宇宙の膨張、そして重力波の存在が予言されています。

ここ数年、一般相対性理論に関わるニュースをよく耳にするようになりました。２０１６年２月には、アメリカのＬＩＧＯ《ライゴ》とヨーロッパのＶｉｒｇｏ《ヴィルゴ》の両研究グループが「重力波を初めて観測することに成功した」と発表しました。重力波は時空の歪みが光速で伝わる現象です。その発表は、14億光年先にあった連星ブラックホール（質量はそれぞれ太陽質量の35・6倍と30・6倍）が合体したことで、太陽質量の３・1倍のエネルギーが放出され、10のマイナス21乗という振幅で（太陽―地球間の距離に対して水素原子1個分にあたる小ささ）、０・２秒間の信号として重力波がとらえられた、というものでした。その後も重力波の観測は次々と報告され、日本のＫＡＧＲＡ《かぐら》グループも共同観測に加わって、これまでに90例が報告されています。

また、２０１９年4月には、日本の国立天文台を含む国際プロジェクトＥＨＴ（イベント・ホライズン・テレスコープ）が、「ブラックホールそのものの直接撮像に成功した」と発表しました。撮影されたのは、地球から５５００万光年離れたおとめ座の楕円銀河Ｍ87の中心にある巨大ブラックホール（太陽質量の65億倍）でした。黒い穴をとり囲む明るいドーナツの輪の写真をご記憶の方も多いことでしょう。ブラックホールの見かけの「穴」の大きさは、わずか1億分の1度（テニスボールを月面に置いたときの見込み角）で、この分解能を得るために北米・南米・欧州・南極の電波望遠鏡を同時にこのブラックホールに5日間向け、すべての望遠鏡のデータを集めて1つの大きな望遠鏡として計算しなおすデータ解析に2年を費やして得られた画像でした。ＥＨＴグループは２０２２年5月には、私たちの天の川銀河の中心にある巨大ブラックホール（太陽質量の４００万倍）の写真も公開しました。

ほかにも、２０２０年4月には、東京大学・理化学研究所の香取秀俊さんのグループが、「東京スカイツリーの高さ450メートルの展望台では地上よりも時計が速く進む」という重力赤方偏移を観測したことを発表しました。原子時計よりも3桁精度がよい（300億年で1秒程度しか狂わない正確さの）光格子時計《ひかりこうし》を発明した香取さんらは、地上と展望台での時間の進み方のわずかな違いを検出したのです。これは、一般相対性理論の出発点となる等価原理を、身近なスケールで検証できるようになったことを意味します。

このように相対性理論に関するニュースが相次いでいるのは、近年、精密な測定技術が開発されてきたことで、アインシュタインが100年以上も前に提案した理論がようやく実験や観測の直接的な対象となってきたことのあらわれです。

しかし一方で一般相対性理論は、いまも理論物理学者を悩ませる厄介な問題を抱えています。それが、特異点の存在です。

ブラックホールは一般相対性理論が予言した天体です。一般相対性理論の根幹をなすアインシュタイン方程式の解は、ブラックホールの内側に特異点が存在することを示しています。また、一般相対性理論は宇宙が膨張することも予言しました。遠方の宇宙を観測すると、たしかに宇宙は膨張していて、138億年前にビッグバンと呼ばれる高温高圧の状態で生まれたことが確認できます。ビッグバンの直前にはインフレーションと呼ばれる急激な時空の膨張があったともいわれています。しかし、それより前には何があったのか、宇宙誕生の瞬間はどうなっていたのか、といった問題は未解決のままです。それは、アインシュタイン方程式を解くと、膨張宇宙のはじまりが特異点となってしまうために、それ以上の議論ができないからです。

このように一般相対性理論は、特異点の存在を予言する理論です。いわば、みずから破綻してしまうような理論になっているのです。

ただし、アインシュタイン方程式はとても複雑な微分方程式なので、ブラックホールの解も膨張宇宙の解も、時空に対称性があることや、簡単な物質でみたされているといった、状況を簡単にするための仮定をしたうえで解かれています。ですから、もっと複雑な現実の宇宙には特異点は存在しないのではないかと、そこに救いを求めた理論物理学者もいました。しかし、その願いは、ペンローズとホーキングによってあえなく打ち砕かれてしまいました。「特異点は（時空の対称性などの仮定によらず）一般的に存在する」ことが、特異点定理によって数学的に証明されてしまったのです。

特異点定理はかなり一般的で、手堅い定理でした。物理学者は、特異点によって物理法則が破綻してしまうことをどう考えればよいのかを、真剣に模索しなければならなくなりました。そこで、物理法則を窮地に陥れたペンローズ自身が提案したのが「宇宙検閲官仮説」です。それは、「特異点が発生してもブラックホールの中に閉じ込められているから心配しなくてもよいだろう」とする仮説です。ブラックホールなしに「裸の特異点」が出現すると、それは自然界の検閲に引っかかって隠されるはずだ、というわけです。

しかしこれは、あくまでも希望的推測です。「臭いものにはフタをする」感がぬぐえません。これで本当に一般相対性理論は、そして物理学は大丈夫なのか、ご一緒にみていきましょう。

本書のテーマとなる特異点定理は、微分幾何学と位相幾何学が融合した数学であり、相対性理論の数理的側面の研究として、大きな柱となっているものです。したがってどうしても、難解な数学用語を避けては通れないところがあります。なるべく平易に表現することを念頭において執筆しましたが、言葉だけでは逆に理解しづらいと思われたところもありました。そうしたときには、ブルーバックスのポリシーを少し逸脱して数式を紹介しています。ただし、数式はすべてイメージとして読み飛ばしていただいても話はつながっていますので、ご安心ください。

では、本書の構成をご覧に入れておきます。

●第1章

一般相対性理論の紹介です。高校の物理で習う力学法則はニュートンの運動方程式ですが、重力の強いところでは、ニュートン力学ではなくアインシュタインの一般相対性理論が真の理論となります。その中心となるアインシュタイン方程式を紹介するところまでが第1章です。

●第2章

一般相対性理論が導くブラックホールと膨張宇宙を説明します。どちらも「特異点」を含んでいる解が導かれることをご理解いただきます。ここまでは多くの本に書かれていることですので、すでにご存じであれば読み飛ばしていただいてかまいません。本書は、次の第3章からがお伝えしたい内容になります。

●第3章

ノーベル賞を受賞したペンローズの「特異点定理」の原論文を理解していただくことを目的としています。ペンローズが中心となって発展したこの研究分野は、「必死に微分方程式を解かなくても、時空の大域構造はわかってしまう」という興味深い視点を提供してくれます。そして、特異点の発生は数学的にごく自然であることが導かれます。本書の流れからは必須の話ですので、あえて正攻法で臨みました。難解かとは思いますが、よくわからなくても、微分幾何学の雰囲気を味わっていただくだけでも結構です。

●第4章

タイトルになっている「宇宙検閲官仮説」の紹介です。ペンローズ自身が解決策として提案した内容と、その成否についての研究を、最新のものまでたどります。前述したようにまだ結論が出ているわけではなく、条件によっては反例も示されています。研究者の発想の方法や、議論のしかたなども味わっていただけるかと思います。

●第5章

最後に、特異点定理と宇宙検閲官仮説の副産物として登場した物理学の進展について紹介します。「ブラックホールの面積増大則」「ブラックホールの熱力学」など、相対性理論のファンでなければ初耳の話が続くかもしれませんが、定理の証明には立ち入らず、それぞれのトピックの歴史的な流れを追いました。これらの研究の行き着く先は、一般相対性理論はどこまで正しいのか、という問題です。この問いかけに対する物理学者の立ち位置についても、最後に触れます。

読者のなかには、この問題に興味をもって、より専門的な言葉や知識にふれたいと思われる方もいらっしゃるかもしれません。そこで、専門用語を用いた表現などを、注釈で補足しました。また、関連する論文や書籍を巻末にあげました。将来、相対性理論の研究を志している学生の皆さんには、この分野の簡単なガイドになるかと思います。

それでは、特異点に向かって、踏み出しましょう。

宇宙検閲官仮説◆もくじ

コラム

第1章

一般相対性理論とは

万有引力の式も、電気や磁気の式と同じ問題を抱えています。一方の質量が失われたとすれば、他方の質量もその瞬間に力を変化させることになっているからです。そこで、重力も「場」として考える必要が生じてきました。その理論をつくりあげたのがアインシュタイン（1879～1955）であり、一般相対性理論なのです。（本文より）

1-1 ニュートンが完成させた力学

自然現象を数式を使って解明するのが物理学です。数式を使うことによって、誰でもどこでもいつでも、共通した議論ができます。打ち出されたボールが放物線を描いて落下していく様子も、惑星《わくせい》が太陽のまわりを公転していく様子も、同じ重力の作用として、1つの運動方程式で表すことができます。このような近代科学の考えを確立させたのは、ガリレイやニュートンでした。17世紀の終わり頃のことです。

科学法則のもとになるのは、実験や観測、そして、本質を見抜く推論です。近代科学は、太陽系の構造を解明することから幕を開けました。この章の主題は20世紀に生まれた相対性理論ですが、まずはニュートン力学の話からはじめましょう。

コペルニクスによる太陽中心説の提唱

16世紀のヨーロッパでは、キリスト教が説明する宇宙像が広く受け入れられていました。「神

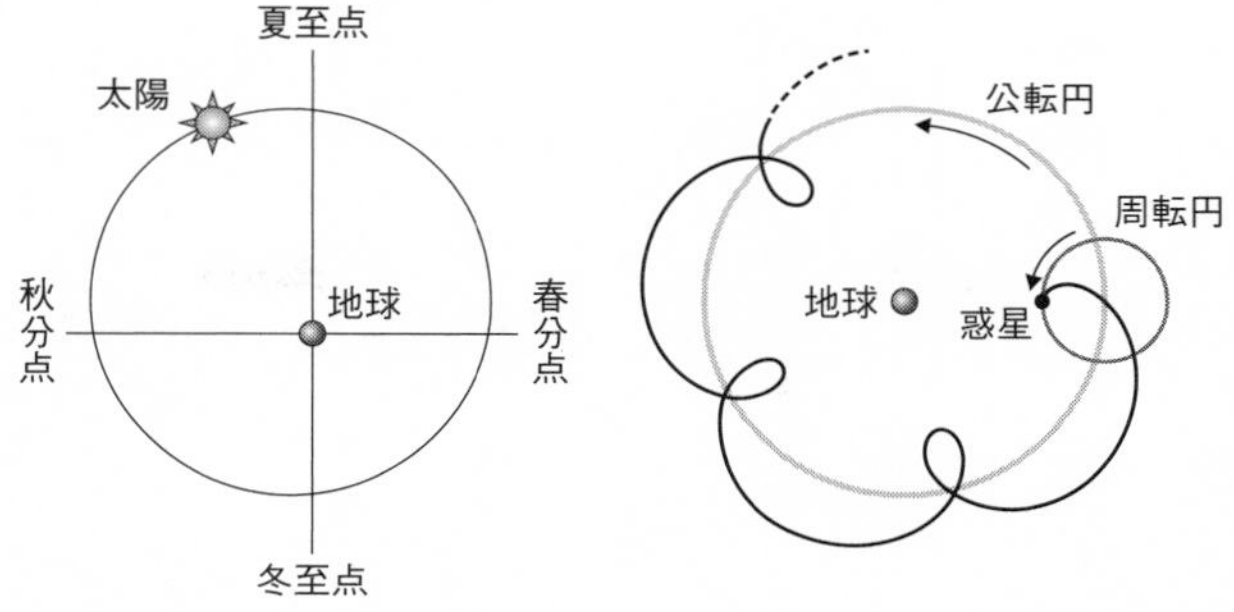

図1-1　プトレマイオスの宇宙モデル

左：太陽の円運動の中心が地球ではなく、少し離れたところにあれば、太陽の動きが季節によって速くなったり遅くなったりすることが説明できる
右：惑星が公転円の上でさらに周転円を描いて運動していると考えれば、順行と逆行の現象を説明できる

が宇宙を創造し、地球はその中心にある特別な存在である。太陽や月、星々は、地球を中心として回っている」とする描像です。しかし、夜空にひときわ明るい星（水星、金星、火星、木星、土星）があり、それらは他の星の動きとは異なる動きをしていることが古くから知られていて、「惑星」と呼ばれていました。とくに火星、木星、土星は天空上を行きつ戻りつすることがあり（順行《じゅんこう》と逆行《ぎゃくこう》）、その動きを説明するために、周転円をともなう軌道というアイデアが使われていました（図１－１）。周転円の考えは物理的には根拠がないものでしたが、惑星の運動を説明するパラメータ（変数）を１つ増やすという点では有効なものでした。

　コペルニクス（１４７３～１５４３）は、

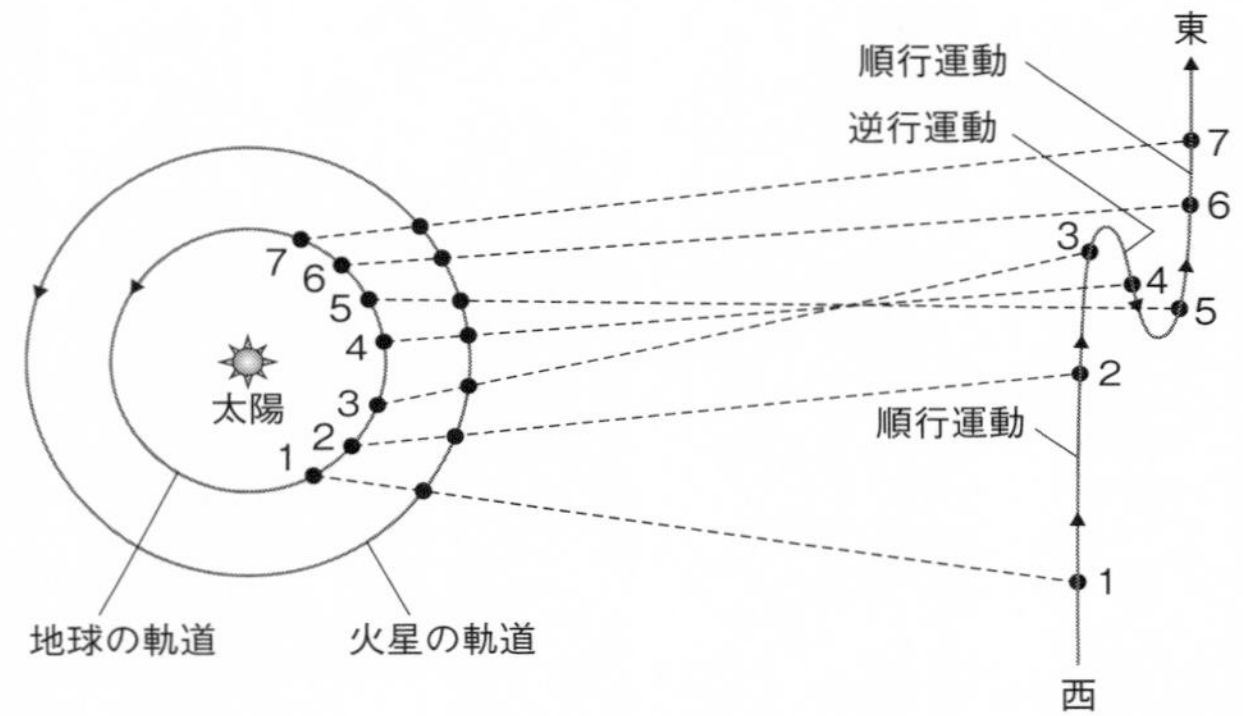

図1-2　コペルニクスの宇宙モデル
太陽中心説では、火星が逆行することが自然に説明できる

太陽が中心にあり、惑星がみな太陽を公転するのであれば、惑星の逆行現象は自然に説明できることに気づきます（図1－2）。いわゆる地球中心説（**天動説**）から太陽中心説（**地動説**）への大転回です。しかし聖職者でもあったコペルニクスは、自説を発表することに躊躇し、『天球の回転について』（1543年）という書で地動説を披露したのは死の直前のことでした。しかも、この書の序文には友人が勝手に「この仮説は真実でなくても構わない。観測に一致する計算結果が得られるという一点で十分なのだ」と書き加えていたことも知られています。

ケプラーが導いた惑星の運動法則

数学者ケプラー（1571～1630）は、太陽中心説を支持し、なぜ惑星が（地球を含めて）

６つなのかを解明しようとしていました。これは、当時知られていた惑星の数がたまたま６つだっただけなのですが、その理由としてケプラーが説明を試みたのは、正多面体の数が５つに限られるという事実でした。

正多面体には、正４面体（正三角形の面が４つで構成される三角錐）、正６面体（立方体）、正８面体、正12面体、正20面体の５種類のみが存在します。太陽を中心として土星軌道を含む球を考え、その球に内接する正６面体を置き、その内側に内接する天球を考えるとそれは木星の軌道を含む球になるようだ、同様に、木星の天球に内接する正４面体を考えると、その内側に接する火星の天球が得られるようだ、という具合です（図１－３）。突飛なアイデアですが、ケプラーは自説を確かめようと、精密な天体観測をしていたブラーエ（１５４６～１６０１）のもとに弟子入りします。

ブラーエから火星の観測データだけを渡されたケプラーは、長い計算の結果、火星の軌道が円ではなく楕円であ

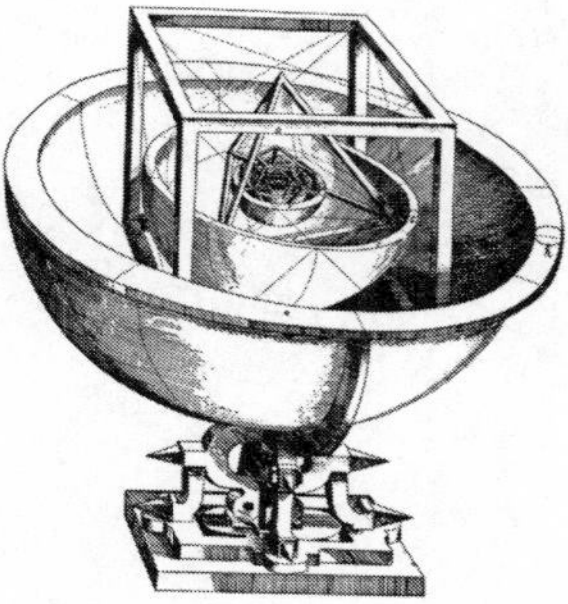

図1-3　ケプラーが『宇宙の神秘』に描いた初期の正多面体太陽系モデル

外側から土星の軌道球、立方体、木星の軌道球、正４面体、火星の軌道球、正 12 面体、地球の軌道球、正 20 面体、金星の軌道球、正８面体、水星の軌道球の順

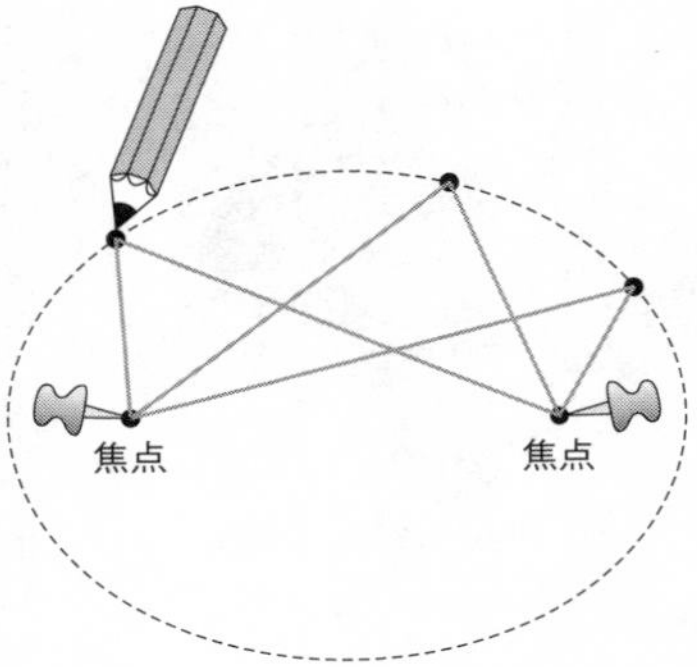

図1-4　楕円の描き方
2つの焦点から糸を張り、ペンで一周すると楕円が描ける。焦点が1つに重なれば円になる

ることを見出しました。円は中心から同じ距離の点を結んだ図形ですが、楕円は２つの点（焦点）からの長さの和が一定となる点を結んだ図形です。２つの点につないだ糸をピンと張りながら一周させると描くことができます（図１－４）。２つの焦点を同じところに置けば円になりますから、円は楕円の１つで特殊な形だ、ということができます。火星の軌道は、惑星の観測データの中でもブラーエ自身が扱いに困っていたものでしたが、それがケプラーによる楕円軌道の発見につながったのです。

楕円軌道の発見は、ケプラー自身が唱えた多面体モデルが成り立たないことを意味していました。ブラーエの死後、他の惑星の観測データを入手したケプラーは、膨大な計算をした結果、惑星の運動が３つの法則で説明できることを発見します（図１－５）。

（a）楕円軌道の法則

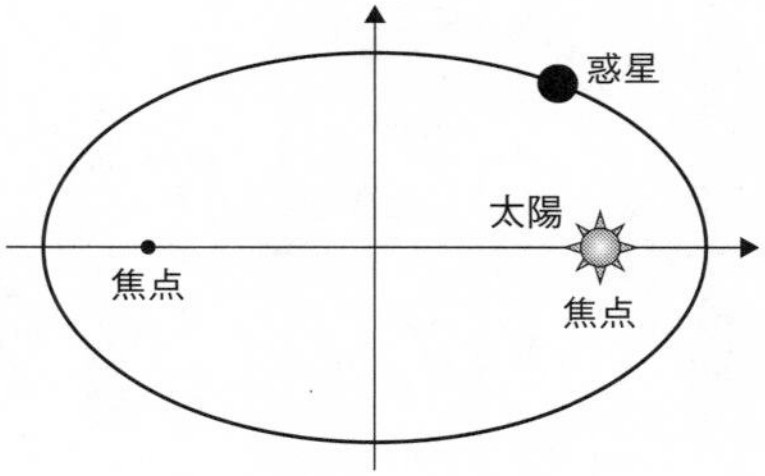

（b）面積速度一定の法則

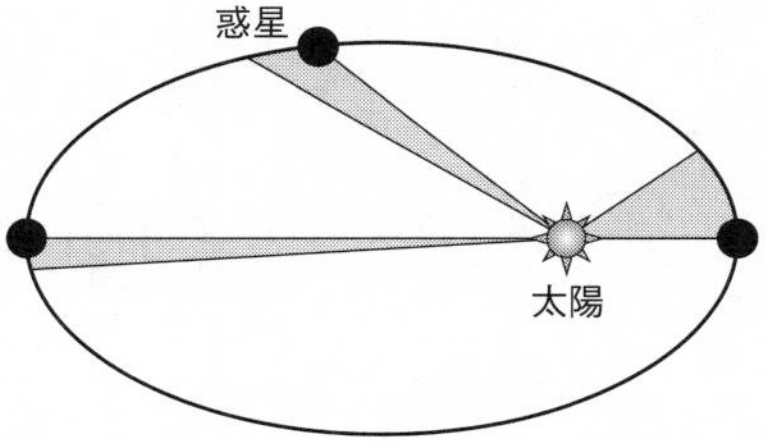

（c）調和の法則

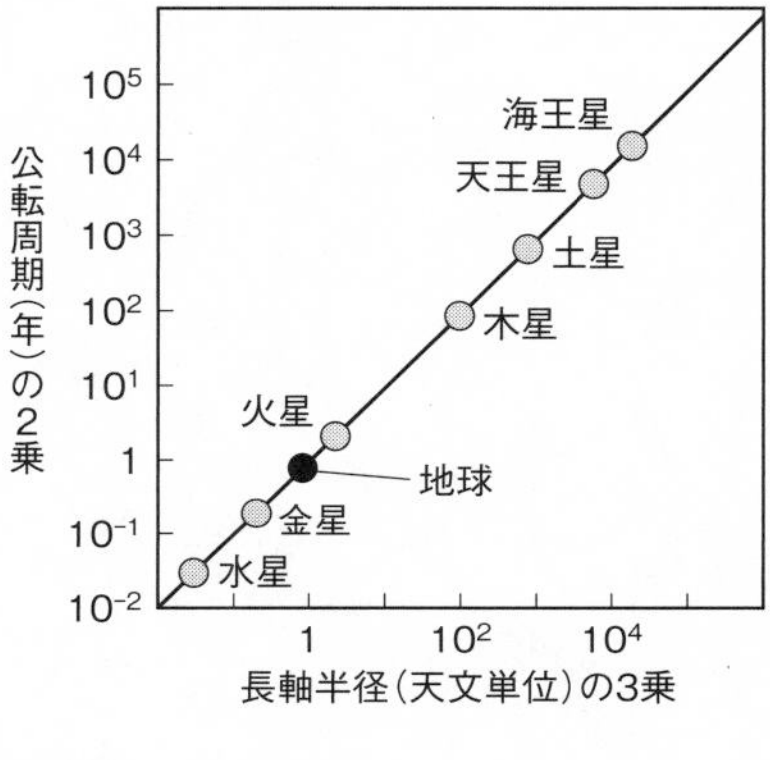

図1-5　ケプラーの惑星の運動法則

ケプラーの惑星の運動についての3法則（ケプラー、1609年、1619年）

第1法則　**楕円軌道の法則**　惑星は太陽を1つの焦点とする楕円軌道を描く。

第2法則　**面積速度一定の法則**　太陽と惑星を結ぶ線分が単位時間に描く扇形の面積（面積速度）は、惑星それぞれについて一定である。

第3法則　**調和の法則**　惑星の公転周期Tの2乗と、惑星の描く楕円の長軸半径（長軸の長さの半分）Rの3乗の比 T^2/R^3は、惑星によらず一定である。

こうしてケプラーは、観測データの背後にある法則をまとめました。しかし、なぜ惑星が太陽を中心とした円運動ではなく楕円運動をするのか、といった理由を説明することはできませんでした。

ガリレイが導いた慣性の法則

ケプラーと同じ頃、イタリアのガリレイ（１５６４〜１６４２）も、太陽中心説を支持する考えをもち、観測を行っていました。オランダのメガネ職人がレンズを2枚重ねた望遠鏡の特許を申請したという話を聞いた彼は、現物を見ることなくみずからも試作を行い、倍率が10倍・20倍となる望遠鏡を製作しました。そしてその望遠鏡を夜空に向け、月の表面が凸凹《でこぼこ》であることや、木星が衛星（月）を4つもつこと、そして金星が満ち欠けしていることを発見します。月の表面が地球と同様に凸凹であることは、地球が特別な存在ではないことを示唆していました。木星が衛星を複数持つことは、太陽系モデルを自然な形で予想させ、金星の満ち欠けは、金星も地球も太陽を公転していることの何よりの証拠となりました。

次々と太陽中心説を裏づけるガリレイに対して、「もし地球が動いているのなら、高い塔から落下した物体は真下には落下しないはずだ」として地動説を批判する主張もありました。これに対してガリレイは、**慣性の法則**をもって論破します。慣性の法則とは、「力が加えられなければ物体は等速直線運動を続ける」という法則です[注1]。

ガリレイは塔から物体が真下に落ちる実験結果からでは、地動説を否定する結

注1　ガリレイ自身は「力が加えられなければ、物体は水平面上を動く」と考えていましたが、地球が球面であることから、最終的には「物体は地球を周回する『円慣性』がある」と考えていました。「等速直線運動」に結びつけたのはデカルト（1596〜1650）です。

論にはならないことを次のように説明したのです。

動いている船のマストの上から真下に石を落とすと、石はマストの足元に落下する。これは、慣性の法則により、石も船と同じ速さで水平方向にも動き続けるからである。したがって、足元に落下したからといって、船が動いていないとは言い切れない。同じように、地球が運動していたとしても、目にする身近な運動現象に特別な異変が生じるわけではない。(『天文対話』1632年)

ガリレイの説明には説得力がありましたが、残念ながら、熱心に地動説を支持する活動はローマ教皇庁に異端とみなされ、異端審問所で裁判にかけられてしまいます。ガリレイは地動説を放棄する文章を読み上げることを強要され、『天文対話』は禁書扱いになってしまいました。まだ、科学的な考えよりも宗教的な考えが優先された時代でした。

ニュートンが導いた運動法則

コペルニクス以来の地動説についての考えを、数学的に確固たるものにしたのは、ニュートン(1642~1727)です。大学生のとき、ペストの流行で大学が閉鎖され、田舎にもどったニュートンは、その間の2年間に微分積分法や万有引力の法則の着想を得るなど、さまざまな理論をつくります。

リンゴが目の前で落ちたことから、万有引力の発想を得たことは有名な話です注2。ニュートンは、リンゴがなぜいつも地球の中心に向かって落下するのかを考えはじめ、「あらゆる物質と物質の間には引力がはたらく」（万有引力が存在する）と仮定してみました。リンゴも地球も同じ力で引っ張っているけれども、あまりに質量が違うためにリンゴが地球に落ちてゆくように見えているのではないか、という考えです。

すべての物質間に引力がはたらくなら、月が地球に落ちてこない理由は何なのでしょうか。この疑問に対しては、ニュートンは次の理由を考えます。

速いスピードで物体を投げると遠くまで届く。投げる速さをどんどんと大きくしていけば、やがて、地球を一周するほどになるだろう（図1-6）注3。したがって、たとえ引力で引き合っていても、必ずしも落下して衝突するとは限らない。

注２　本人が友人に60年前の天啓を受けた話としてみずから披露した実話のようです。

注３　秒速7.9㎞の速度を与えると、地面に落下せずに地球をぐるっと周回します。

図1-6　引力がはたらいているのに月が地球に落下しない理由

引力で引き合っていても、初速度が大きければ落下しない

このような着想が得られても、確信をもてる数式で表現するには時間を要したようです。万有引力の大きさは、2つの物質の距離の2乗に反比例すると思われましたが、地球がリンゴを引き寄せる場合にその距離は地面からなのか、それとも地球の中心からなのかがわかりません。ニュートンは微分積分の計算手法を生み出し注4、地球全体の重力は中心からはたらいていると考えればよいことを導きます。しかし、当時は地球の大きさがきちんと測定されていなかったので、実験結果と合いませんでした。

1682年になって、ピカールの測定した地球半径の値を知り、ニュートンはよ

注4　数学者ライプニッツ（1646～1716）もほぼ同時期に微分積分を開発していて、どちらに先取権があるかニュートン家は子孫の代まで25年に及ぶ裁判で争いました。

うやく自説の正しさを確信します。そしてこの頃出現した彗星の軌道が天文学者の間で問題になり、天文学者ハレーから学説の発表を勧められたニュートンは、ついに歴史に残る書物『プリンキピア（自然哲学の数学的諸原理）』を出版することになりました。そこでは、運動に関する3つの基本法則と、万有引力の法則が述べられています。

ニュートンの運動法則（ニュートン、1687年）

第1法則　**慣性の法則**　力を加えなければ、物体は等速直線運動を行う。

第2法則　**運動の法則**　物体に力$\vec{F}$を及ぼすと、物体の質量mに反比例した加速度$\vec{a}$が生じる。すなわち、

$\vec{F}=m\vec{a}$　（運動方程式）

第3法則　**作用反作用の法則**　物体に力$\vec{F}$を及ぼすと、その物体は同じ大きさで逆向きの反作用$-\vec{F}$を作用物体に及ぼす。

万有引力の法則

すべての物体は引力を及ぼす（図1－7）。質量がMとmの物体が距離r離れているとき、2つの物体間には引力

$$F=G\frac{Mm}{r^2}$$

が作用する。Gは万有引力定数と呼ばれる定数で、$G=6.67\times10^{-11}\,\mathrm{m^3/(kg\,s^2)}$。

この万有引力の法則を運動方程式に適用して惑星の運動を解くと、ケプラーが見出した惑星の運動法則を説明できます。つまり、太陽を焦点として楕円軌道を描くこと（図1－8）注5、面積速度一定の法則をみたすように速度が決まること（これは角運動量保存則の言い換えであることがわかります）、そして公転周期Tと公転軌道の楕円の長軸半径Rから導かれるT^2/R^3が定数になることです。また、同

注5　より一般的には、「つねに1つの点から力がはたらく（中心力がはたらく）物体は、放物線軌道や双曲線軌道を含めた2次曲線を描いて運動する」と言えます。

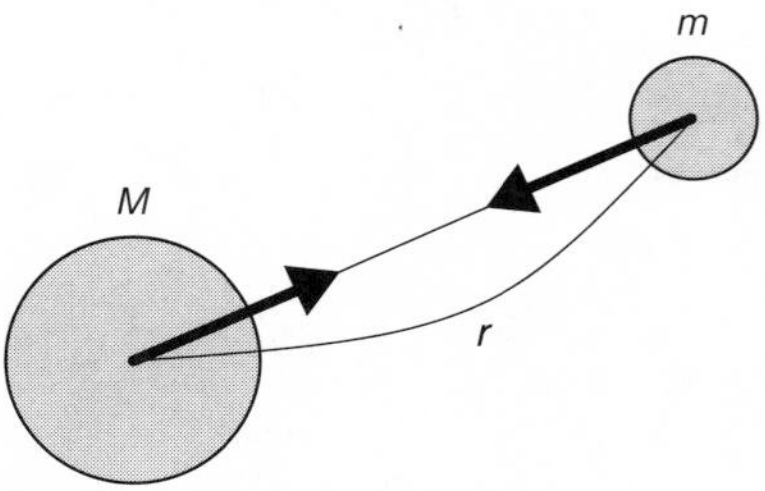

図1-7　万有引力の法則
質量をもつすべての物体は、互いに引力を及ぼす

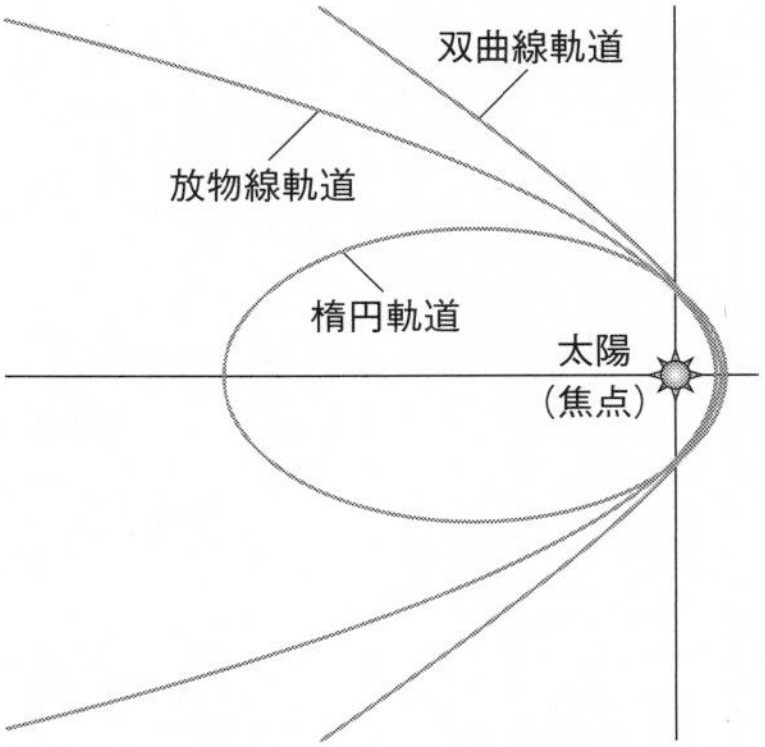

図1-8　ある１点から万有引力を受けている物体は、楕円、放物線、双曲線のいずれかの軌道を描くことになる

じ式で、地球上の重力加速度も計算できて、落下するリンゴの運動もわかります。

ニュートンによって創始された物理学は、身近な現象を次々と解明することになりました。76年周期で接近する彗星が同一のものであることが、天文学者ハレーによって見出されました。また、赤道付近で振り子時計の周期が若干長くなることから、地球が扁平《へんぺい》であることもわかりました。19世紀には、天王星の不可思議な運動から外側にもう1つの惑星の存在が予言され、計算された位置に発見されて「海王星」と命名されました。現在でも、分子レベルから銀河系スケールまでは、ニュートンの運動方程式で十分に説明することができます。

力が存在するのか、場が存在するのか

ニュートンが導いた万有引力の法則は、私たちの日常レベルの重力を説明するのには十分です。そして、電気を帯びた物質の間にはたらく静電気力も、同じような関係式（2つの電荷の大きさQ_1, Q_2の積に比例して、距離rの2乗に反比例する力）で表されることも、のちにクーロン（1736〜1806）によって導かれました。また、磁気を帯びた物質の間にはたらく磁気力も同様です。

$$F_{\text{クーロン力}} = k_0 \frac{Q_1 Q_2}{r^2} \qquad k_0 = 9.0 \times 10^9 \,\mathrm{Nm^2/C^2},\ Q_1, Q_2 \text{は電荷}$$

$$F_{磁気力} = k_m \frac{m_1 m_2}{r^2} \qquad k_m = 6.3\times10^4\,\mathrm{Nm^2/Wb^2},\ m_1, m_2 \text{ は磁荷}$$

どれも似通った式で美しいですね。ここまでは高校生の習う物理学の内容です。実は、万有引力の法則も、磁気力に関するクーロンの法則も、大学で習う物理学では、本質的なものとはされません。これらの「力」の式は、２つの物体間の力を正しく表してはいるのですが、不都合な点もあるのです。

たとえば、電荷を持った2つの物体のうちの1つが、ある瞬間に電荷を失ったとしましょう。他方の物体はそれまでクーロン力で引力（あるいは斥力《せきりょく》）を受けていたはずですが、その力がゼロになります。ゼロになるのは正しいのですが、その変化がどう伝わるのかは、クーロンの法則では問題にされず、どんなに物体が離れていても瞬間的に力が変化することになります。身の回りの世界では情報が一瞬で伝わるように見えるかもしれませんが、天文学的な距離があったとしても、同じように力が一瞬で伝わることになってしまうのです。

電気と磁気の性質については、実験的な研究が進み、19世紀の半ばには、「電磁気学」としてまとめられていくことになりました。そこで得られた考えは、「力」そのものが直接、２つの物体の間に存在するのではなく、「電気的な力や磁気的な力を及ぼす空間」が存在するのだ、というものでした。「電場」や「磁場」といった「場（field）」が存在する、と考えることにしたのです。電気的な性質が変わると、その周囲の空間の性質が変わり、それが周囲に伝わってやがてもう一方の物質の場所での力を変化させるというわけです。

電磁気学をまとめたのはマクスウェル（1831～1879）でした。式の形から、電場と磁場は互いに影響を及ぼし合いながら波として空間を伝わり、その情報伝達速度は光速であることが予言されました。電磁波の存在は、ヘルツ（1857～1894）の火花放電の実験で確かめられました。

万有引力の式も、電気や磁気の式と同じ問題を抱えています。一方の質量が失われたとすれば、他方の質量もその瞬間に力を変化させることになっているからです。そこで、重力も「場」として考える必要が生じてきました。その理論をつくりあげたのがアインシュタイン（1879～1955）であり、一般相対性理論なのです。

1-2 2つの相対性理論

相対性理論は2つの理論からできています。特殊相対性理論（1905年）と、一般相対性理

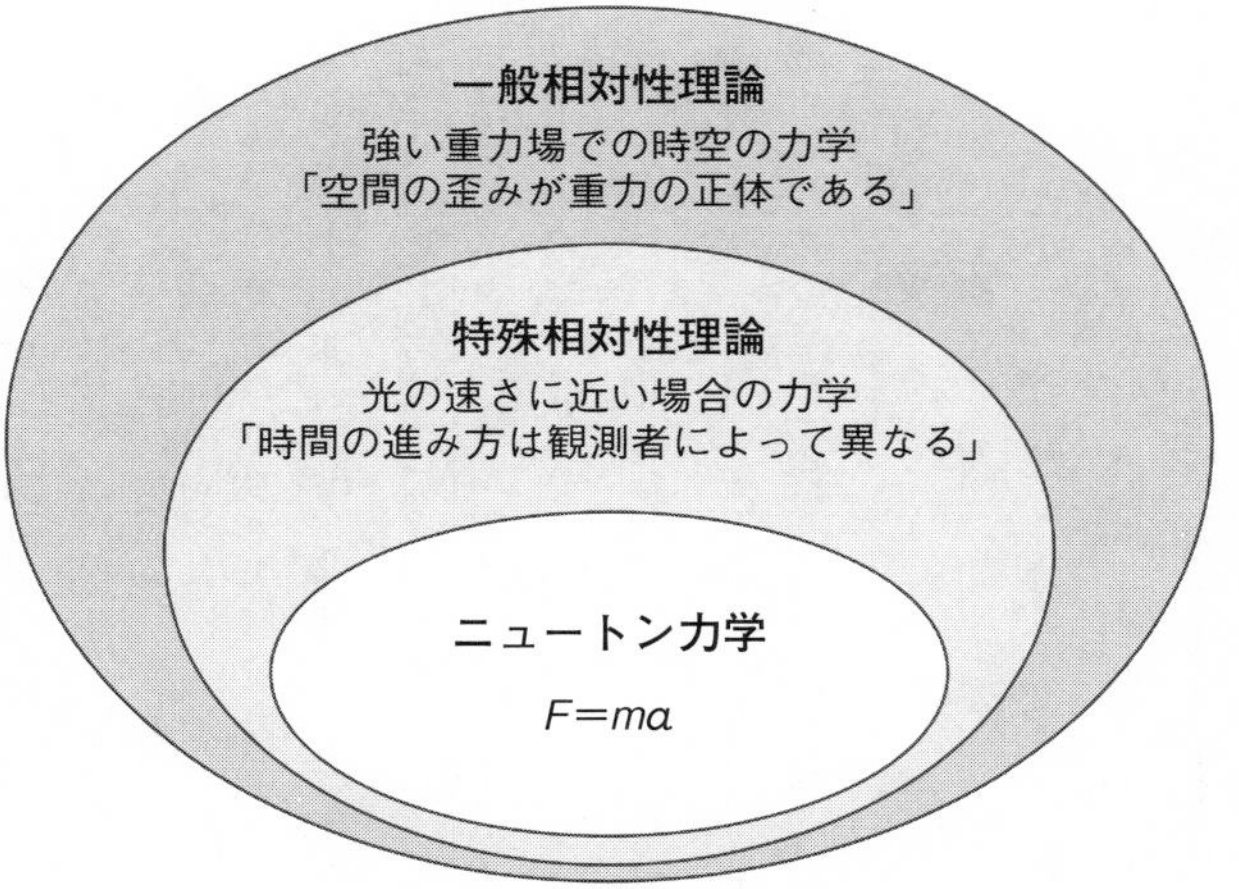
一般相対性理論
強い重力場での時空の力学
「空間の歪みが重力の正体である」
特殊相対性理論
光の速さに近い場合の力学
「時間の進み方は観測者によって異なる」
ニュートン力学
$F=ma$

図1-9　相対性理論はニュートン力学を拡張した理論
日常の質量や速度では、相対性理論はニュートン力学に一致する

論（１９１５年）で、どちらもアインシュタインが一人で完成させたものです。

ふつう、物理の理論は多くの物理学者が実験や観測の結果をもとに、さまざまな考えや予言を提示し、それらが淘汰されて完成へ向かいますが、相対性理論は別で、一人の物理学者が「もっとも簡単な数式で自然法則は記述されるはずだ」という信念のもとに導出したものです。

相対性理論はニュートンが導いた力学を拡張した理論です（図１-９）。それぞれを順に紹介しましょう。

特殊相対性理論

特殊相対性理論（発表当時は「相対性原理」）は、（光の速さに近いほどの）ものすごく速く運動する物体に対する物理法則です。それは、電磁気学の法則（マクスウェル方程式）に登場する光速度はどの座標系から測った光速度なのか、という当時の物理学の謎を解決するものでした。速度は「誰から測ったか」によって相対的に変わりますから、一般的な法則に登場するのは不思議なことなのです（加速度は、慣性座標系注6どうしでは同じ値になりますから、一般的な法則に登場しても問題ないのです）。

アインシュタインは「どの慣性座標系から測定しても、光速度は同じ秒速30万kmであり、電磁気学の法則はどの座標系でも同じ形で成立する」と解釈しました。つまり、秒速20万kmで飛行しているロケットからも、光速は秒速30万kmと測定される、と考えたのです。どの座標系から見ても光速は同じであるとすれば、マクスウェル方程式に対する疑問は解消します。しかし、その代償として、「時間の進み方は座標系によって異なる（相対的である）」という結論を受け入れることになります。

このことを「光時計」という思考実験注7で説明しましょう。図1-10のように、光を基準にして時間を測る装置を考えます。たとえば、0・5mの筒の上下に鏡を取りつけ、光を往復させます。光の速さは秒速29万9792・45

注6　慣性座標系とは、慣性の法則が成り立つ座標系のことです。すなわち、力がはたらいていない物体は等速直線運動していると観測できる座標系です。

注7　思考実験とは、頭の中で実験することです。理論物理学者がよく使う言葉です。

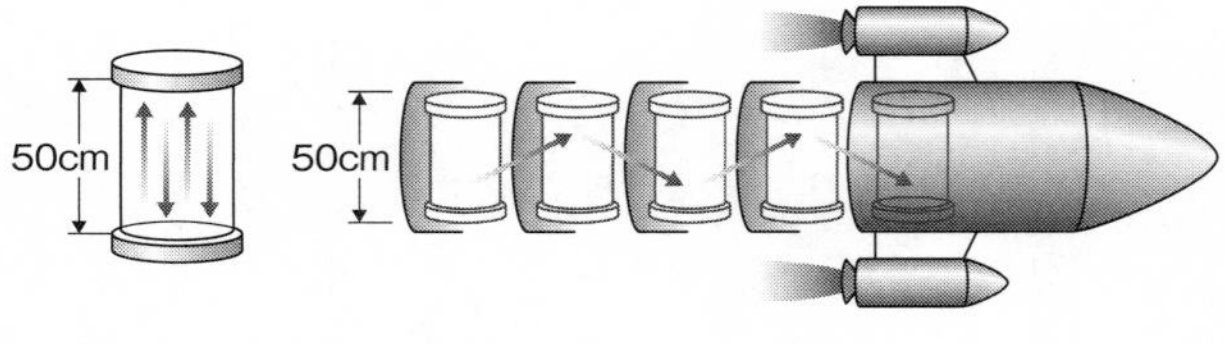

図1-10　光を往復させて時間を測る

光時計をロケットに載せて時間を測ると、地上よりも光が進まなければならない距離が長くなるので、１秒の刻みは遅くなる。ロケット内では光を基準に１秒を測るので、地上よりもロケット内の時間の進みは遅くなる

８㎞ですから、光が筒を約30万回往復したら「１秒」と判定する時計です。

この時計を高速で飛ぶロケットに載せたとしましょう。ロケットが進むことにより、光の経路は実質的に長くなります。ところがどの座標系にいても、光の往復回数で時間を測ることにしていますので、ロケット内の１秒は、地球での１秒にくらべてゆっくりと進むことになります。時間の進み方がゆっくりになるということは、その座標系にいる人は感じないはずです。その座標系にいる人にとっての１秒は１秒だからです。

ニュートンが力学の法則をつくって以降、「時間」はどこで誰がどう測定しても、同じように流れるものと考えられてきました。しかし、光速度を軸としてとらえなおすと、時間の進み方は観測者の運動状態によって伸びたり縮んだりすると考えざるをえないのです。私たちの身の回りの世界で、乗り物が到達できる最高速度は、国際宇宙ステーションの秒速８㎞程度にすぎません。光速とはほど遠く、特殊相対性理論によって予言される地上との時間の進み方の違いはまったく感じられません[注8]。このように特殊相対性理論は、ニュートン力学を否定するものではなく、ニュートン力学を含んで拡張する理論です。

アインシュタインが気づいたのは、時間座標は空間座標と違う特別なものではなく、物理法則は「3次元の空間＋時間」で表すよりも、「4次元時空」として表すほうが本質的だ、ということでした。運動方程式や保存則を4次元時空の式として書き直すと、次の式も導かれました。

エネルギーと質量の等価性

質量mは、エネルギーEと等価であり、光速cを用いて、次の式で結びつく。

$$E=mc^2$$

この式は、質量そのものがエネルギーに変換できることを示していて、それまでの物理法則では見過ごされてきた要素でした。そしてこの式は、原子核の組み換えで生じる高エネルギー反応を説明します。

水素が4つ合体すると、ヘリウムになります。このように原子核が大きくなる核反応を、核融合反応といいます。この反応が生じるのは、合体したほうがエネルギー的に安定になるからです（周囲に熱を放出して、より低いエネルギー状態になるように反応は進みます）。

水素の原子核は陽子1つからできていて、ヘリウムの原子核は陽子2つと中性子2つからできていますので、反応前後の核子の個数は同じですが、ヘリウム原子核をつくるときには結合エネルギーとして全エネルギーの総量が下がり、その差の分のエネルギーが熱として放出されることになります（つまり、水素4つの質量より、ヘリウム1つの質量は小さくなります）。図1-11には、水素とリチウムが核融合して2つのヘリウムになる場合のエネルギーを描きました。

核融合反応は、星が輝く原理です。博物館やプラネタリウムで来場者からよく出る質問の1つに「酸素がない宇宙で星が燃えるのはなぜですか」というものがあるそうですが、核融合反応により、日常レベルでものが燃えるのとは違ったしくみで熱や光を出すのです。

核反応には、核融合とは逆に原子核が分裂する方向へ進む反応もあります。これを核分裂反応といいます。たとえばウラン235に中性子が当たる

注8　ある慣性座標系1に対して、速さvで動くもう1つの慣性座標系2があるとしましょう。2つの座標系での時間座標をそれぞれt_1、t_2とします。それぞれの時計の進み方（1秒の長さ）をΔt_1、Δt_2とすれば、特殊相対性理論は、$\Delta t_2 = \sqrt{1-(v/c)^2}\,\Delta t_1$となることを予言します。国際宇宙ステーションと地表では、この差はわずかで、国際宇宙ステーションに1年間いても、0.008秒にしかなりません。

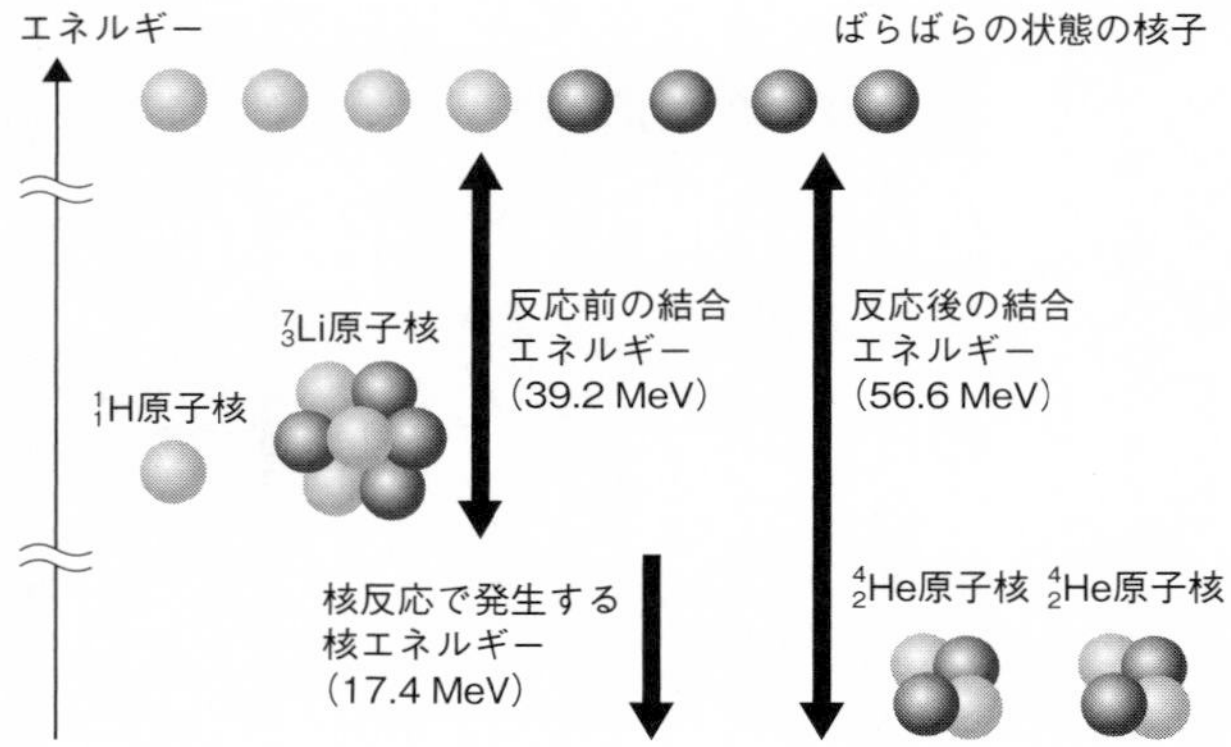

図1-11　核融合による結合エネルギーの解放
$^{7}_{3}$Li と $^{1}_{1}$H が合体して、２つの $^{4}_{2}$He になる核融合反応での結合エネルギーの変化を示す。MeV（メガ・エレクトロンボルト）はエネルギーの単位

ことにより、バリウム１４４とクリプトン89に分裂する反応が生じます。

$$^{235}\mathrm{U} + {}^{1}\mathrm{n} \longrightarrow {}^{236}\mathrm{U} \longrightarrow {}^{144}\mathrm{Ba} + {}^{89}\mathrm{Kr} + 3\,{}^{1}\mathrm{n}$$

この場合は分裂したほうが、エネルギーを放出して安定になるのです。この核分裂反応を利用するのが、原子力発電です。発生する熱を利用して水蒸気をつくり、タービンを回して発電する部分は火力発電と同じです。核反応の式を見ると、中性子を介して連鎖反応が続くこともわかります。

特殊相対性理論からは「物理法則は、どの座標系から見ても同じはずだ」という原理に立つと、時間の進み方は座標系によって異なってしまう（相対的である）ことが導かれました。物体の運動が光速近くになるとその違いは顕著になり、時間の進み方がますます遅くなります。この現象は、宇宙から飛来する粒子（宇宙線）が地球大気と衝突して生み出す素粒子の寿命が、実験室でできるときよりも長くなることからも確かめられています。

また、特殊相対性理論は、物体の移動速度の上限が、光速度（秒速約30万㎞）であることも導きます。物体を加速していくと、無限に大きな速度に到達しそうですが、光速に近づけば近づくほど、加速するために大きなエネルギーが必要になるのです。光は質量ゼロの粒子（光子）と考えられますので光速で移動しますが、質量が少しでもあると、光速には到達できません。このことは、時空内で光が伝播《でんぱ》していく領域が、情報を伝達したり因果関係をもったりすることができる境界であることを意味します。

ある位置から光を放ったとすると、光は3次元空間を球面状に広がっていきます。これを時間軸を含めてグラフにしてみましょう。時間軸を縦軸として、上向きに時間が進むものとします。光を放った時空上での点を事象Aと呼ぶことにします。光の通過する領域が時間とともに広がっていくことから、（図にしやすいように、3次元空間の次元を1つ落として2次元面とすると）光は事象Aから円錐面のように広がっていくことになります（図1-12）。このような光の進む面を**光円錐**《こうえんすい》（light cone）と呼びます。

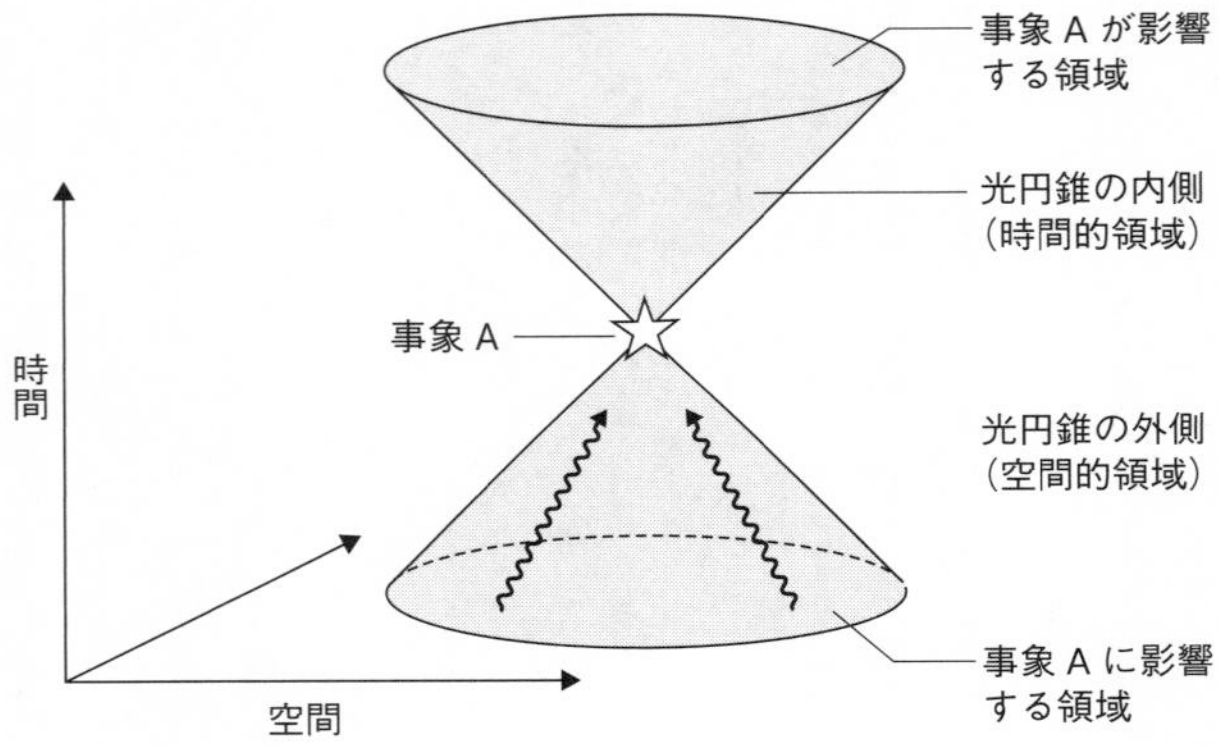

図1-12　光が時空を進む様子を示す光円錐

横方向は空間、縦方向は時間軸を表す。空間は次元を1つ落として2次元面で表している。光が放たれた事象Aと因果関係をもちうるのは、光円錐の内側になる。光円錐の内側を「時間的領域」、外側を「空間的領域」、光円錐の面を「光的領域」（あるいは「ヌル面」）と呼ぶ

事象Aの上半分は、光を放った点から未来を表し、下半分は過去を表します。この図を描くことで、光が放たれた事象Aから因果関係をもちうる領域（未来方向の光円錐の内側）と、事象Aへ影響を与える領域（過去方向の光円錐の内側）が明確になりました。また、光円錐の外側は事象Aと因果関係をもちえません。光円錐の内側を時間的領域（timelike region）、外側を空間的領域（spacelike region）と呼びます。また、光円錐面を光的領域（null surface）と呼びます。

この図では光円錐はどの方向にも等しく、つまり等方的に広がっていますが、のちほど考えるブラックホールのような強い重力場では光の進み方（広がり方）

が変わるため、光円錐の形状も変わります。光円錐は、相対性理論の時空を議論するときの重要なツールになります。

一般相対性理論

特殊相対性理論を発表してから10年後、アインシュタインが発表した**一般相対性理論**は、(星の質量に匹敵する以上の)ものすごく重い物体に対する物理法則です。

特殊相対性理論では扱わなかった加速度運動を考えるうちに、アインシュタインは、重力加速度が生じる原因を考えはじめました。宇宙ステーションのような狭い空間では、地球の重力と遠心力が釣り合って無重量状態になりますが、大域的に(局所的にではなく全体的に)考えると重力の効果は消すことができません。たとえば地球の直径程度もあるような宇宙ステーションならば、重力のはたらく向きがちがってくるので完全に重力を消し去ることはできなくなります。

このような考察から注9アインシュタインは、重力の原因は時間・空間のもつ幾何学的な性質ではないか、と思いつき、リーマン(1826〜1866)が確立したリーマン幾何学と格闘しました。そして、重力の正体は時空(時間と空間を合わせた4次元空間)の歪みとして説明する理論を提案したのです(図1-13)。時間

注9　アインシュタインの時代には、宇宙ステーションは存在しなかったので、この喩えは現代版です。彼は自由落下するエレベータ内で重力が慣性力と相殺することを思考実験しました。

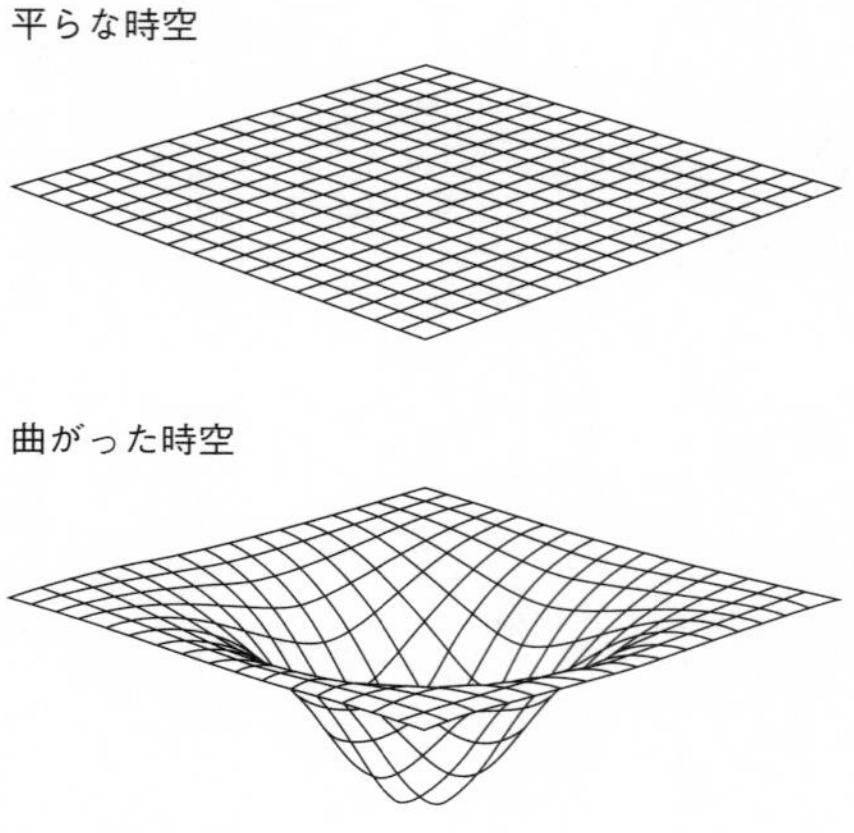

図1-13　歪んだ空間のイメージ
質量のある物体のまわりでは、トランポリンのように坂道ができ、物体が動く

も空間もゴム膜のように伸びたり縮んだりするものであり、重い天体の周りではトランポリンのように時空が引き伸ばされ、その歪み具合に沿って物体が動いていく。それが重力によって引っ張られるように私たちが観測するのだ、という理論です。

　曲がった空間を表すリーマン幾何学は、数学の一分野として19世紀中頃にはできあがっていました。アインシュタインは重力の正体を幾何学的なものに求めたとき、大学時代に同級生だった数学者グロスマン（1878～1936）に相談しました。グロスマンはアインシュタインにリーマン幾何学の存在を教え、新しい重力理論構築の手助けをしたことで知られています（余談ですが、アインシュタインが大学卒業直後、就職できずに困っていたときに特許局の仕事を紹介したのもグロスマンです。また、アインシュタインをチューリッヒ工科大学の教授に招聘《しょうへい》するために尽

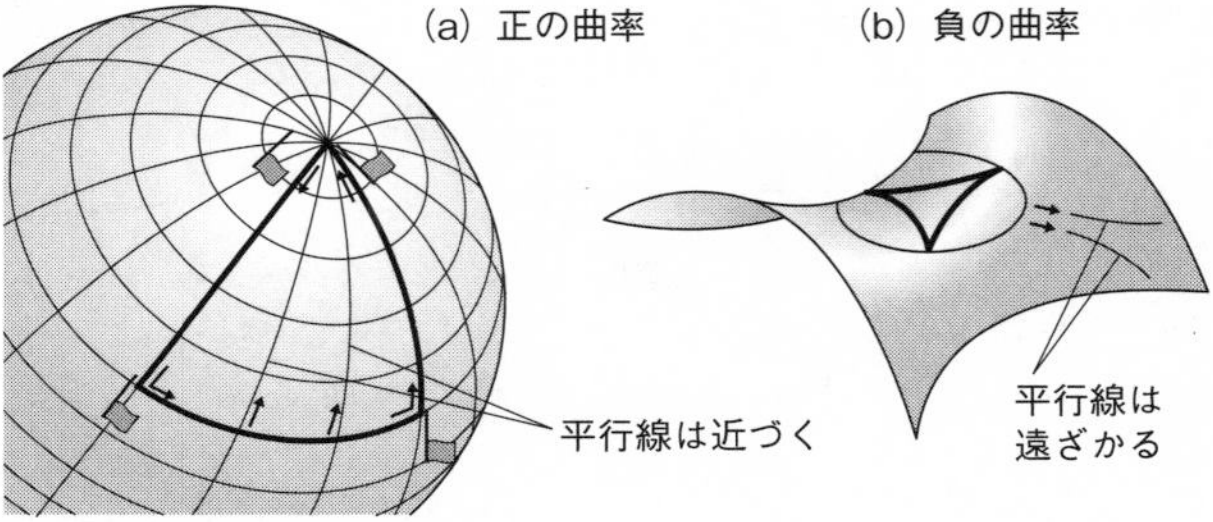

図1-14　リーマン幾何学
地球儀の上で三角形を描くと、その内角の和は 180 度より大きい (a)。馬の背につける鞍の上で三角形を描くと、その内角の和は 180 度より小さい (b)。このような曲がった平面（空間）を扱う幾何学がリーマン幾何学である。旗を持って (a) の三角形を一周するとき、旗をつねに同じ向きに持っていたとしても、一周して戻れば旗は違う方向を向いている。この角度の違いを表すのが「リーマン曲率」といわれる量である

力したのもグロスマンです。一般相対性理論の研究者が３年に一度集まる大きな国際会議の１つは、グロスマンの名前が冠されています。アインシュタインの友人たち、という心意気を感じさせる粋な名前だと思います）。

私たちは、三角形の内角の和は１８０度であり、直角三角形では三平方の定理（ピタゴラスの定理）が成り立つことを数学で習います。しかし、これらはあくまでも平らな平面上での話です。たとえば地球儀上で三角形を描いてみましょう（図１－14）。北極点から赤道に進み、そこで直角に曲がって東へ進み、また直角にもどって北へ進んで北極点に戻ります。こうして描いた三角形の内角の和は１８０度より大きくなります（これを「正の曲率をもつ」といいます）。逆に馬の背につける鞍の上で三角形を描

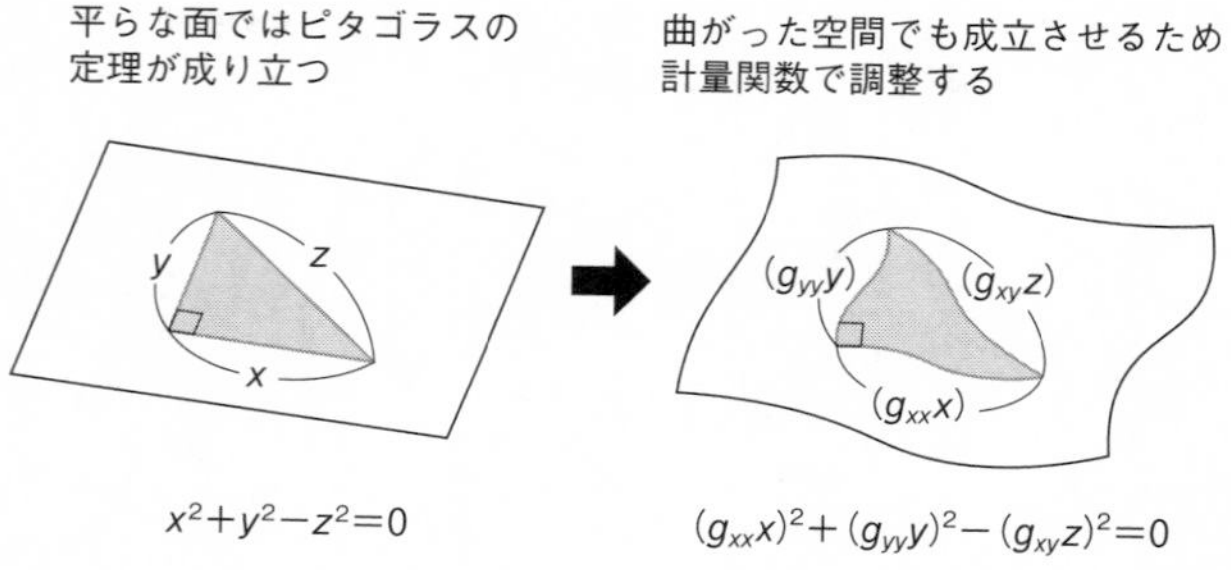

図1-15　平面（空間）の曲がり具合を表すために計量あるいは計量テンソルと呼ぶ関数g_{ab}を導入する。aやbは座標の成分を表す

くと、内角の和は180度より小さくなります（「負の曲率をもつ」といいます）。このように曲がった面では、曲がっていることを含めた幾何学が必要になってきます。

読者の皆さんには数式まで理解していただく必要はないのですが、雰囲気を味わっていただくために少しご覧いただきましょう。

どのくらい平面が曲がっているのかを表すため、**計量**（metric）あるいは**計量テンソル**[注10]といわれる量を導入します。これは、曲がった面の上で「三平方の定理」が成り立つためには、各辺をどれだけ拡大縮小すればいいのか、を表す量です（図1-15）。計量は座標軸方向の添え字をつけてg_{xx}やg_{yy}などの成分をもちますが、まとめてg_{ab}と書くことにしましょう。aやbはxかyとなります。

図1-15は2次元面の例ですが、これを空間3次元と時間1次元で構成される4次元時空として重力を表そうとしたのが、アインシュタインの発想でした。次ページ 数式 **1**では、この説明をしています。4次元時空では、計量 g_{ab} の添え字 a や b は0、1、2、3を動き、それぞれが（ct, x, y, z）の座標成分に対応します。計量 g_{ab} は16個の成分をもちますが、a と b を入れ替えても同じ成分（$g_{xy}=g_{yx}$ など）と考えれば、独立な成分は10個になります。平坦で曲がっていない時空であれば、計量は 数式 **1**の①式のようになります。このような時空を**ミンコフスキー時空**といいます。ミンコフスキー（1864~1909）は、アインシュタインの大学での恩師でした。

アインシュタインは、時空の曲がり方を表すリーマン曲率テンソル R_{abcd} と呼ばれる量と、物理的な質量分布を結びつけようと、3年以上も試行錯誤を繰り返します。よりどころとしたのは、その理論が弱い重力のときには、ニュートンの万有引力の式にもどる、というたった1つの事実でした。

アインシュタインは、彼の審美的センスから、物理法則は最もシンプルな数式で表現されているに違いない、と考え、リーマン曲率テンソルから導かれる（成分の和をとって添え字が少なくなる）リッチ曲率 R_{ab} や曲率スカラー R と呼ばれ

注10　テンソルとは、ベクトルを多成分配列に拡張した「行列のようなもの」です。ベクトルをベクトルに変換させるもので、座標系のとり方には依存しない量です。物理法則をテンソルで記述することが、アインシュタインの目標でした。

数式 1
時空の計量

2次元座標で、(x, y) と $(x+dx, y+dy)$ の2点間の距離 ds は、$(ds)^2 = (dx)^2 + (dy)^2$ をみたす。これを

$$ds^2 = dx^2 + dy^2$$

と書くことにする。

時間座標 t を含めた4次元座標を (ct, x, y, z) とする。c は光速である。これを $x^a = (x^0, x^1, x^2, x^3)$ として表す（添え字 a は，$0, 1, 2, 3$ を動く）。時空の2点間の距離は、時空が平坦であれば、

$$ds^2 = -c^2dt^2 + dx^2 + dy^2 + dz^2 \qquad ①$$

となる（**ミンコフスキーの解**）。時空が歪んでいることを表すには、各項の係数を関数 $g_{ab}(x^c)$ として、

$$ds^2 = \sum_{a=0}^{3}\sum_{b=0}^{3} g_{ab}dx^a dx^b \qquad ②$$

とする。g_{ab} は**計量** (metric) または**計量テンソル**と呼ばれる。式①は、

$$g_{tt} = -1,\ g_{xx} = g_{yy} = g_{zz} = 1,\ \text{他はゼロ}$$

と対応する。g_{ab} を4行4列の行列で表すこともでき、添字を上にした g^{ab} はその逆行列に相当する。

一般相対性理論は、質量をもつ物体がどのような計量 g_{ab} をもたらすのか、という理論である。

数式 2
アインシュタイン方程式

一般相対性理論の結論となる**アインシュタイン方程式**（**重力場の方程式**）は、計量テンソル g_{ab} を求める微分方程式で、万有引力定数 G と光速 c を用いて

$$\underbrace{R_{ab} - \frac{1}{2} g_{ab} R}_{\text{時空の歪み}} = \frac{8\pi G}{c^4} \underbrace{T_{ab}}_{\text{物質の分布}} \qquad ③$$

である。左辺はリーマン幾何学にもとづいて時空がどのように曲がっているのかを表し、右辺は重力源がどのように分布しているのかを表す量である。

曲率は、リーマン曲率テンソル $R^a{}_{bcd}$

$$R^a{}_{bcd} = \frac{\partial \Gamma^a{}_{bd}}{\partial x^c} - \frac{\partial \Gamma^a{}_{bc}}{\partial x^d} + \sum_{e=0}^{3} (\Gamma^a{}_{ec} \Gamma^e{}_{bd} - \Gamma^a{}_{ed} \Gamma^e{}_{bc})$$

から与えられる。$\Gamma^a{}_{bc}$ はクリストッフェル記号で

$$\Gamma^a{}_{bc} = \sum_{d=0}^{3} \frac{1}{2} g^{ad} \left(\frac{\partial g_{ab}}{\partial x^c} + \frac{\partial g_{dc}}{\partial x^b} - \frac{\partial g_{bc}}{\partial x^d} \right)$$

として定義される。③式の左辺に登場するのは

リッチテンソル　$R_{ab} = \sum_{c=0}^{3} R^c{}_{acb}$

スカラー曲率　$R = \sum_{a=0}^{3} \sum_{b=0}^{3} g^{ab} R_{ab}$

である。③式右辺の T_{ab} は**エネルギー運動量テンソル**と呼ばれ、真空であればゼロである。

る量から特別な組み合わせを考え出し（⬇49ページ数式2の③式の左辺）、そして物質の分布を表すエネルギー運動量テンソルT_{ab}との関係に、係数$8\pi G/c^4$を見出します。得られた式は、**アインシュタイン方程式**（あるいは**重力場の方程式**）と呼ばれる③式になりました。これは、質量をもつ物体がどのような計量g_{ab}をもたらすのかを表す10本の微分方程式からできています。

アインシュタインが一般相対性理論を導いたとき、自身の理論を正しいと確信できた事実が1つだけあります。水星の**近日点移動**と呼ばれる現象です。太陽系の惑星の軌道は、海王星の発見の逸話に象徴されるように、ニュートンの運動方程式でほぼ正確に説明できることが知られていました。しかし、太陽に一番近い水星は、楕円軌道とならず、未解決問題として残されていたのです。観測から、水星の近日点（太陽に最も近くなる点）は100年で角度が574秒角[注11]ずつずれていくことがわかっていました。太陽以外の他の惑星からの重力の影響とも考えられました。きちんと計算すると、一番近くにある金星の影響で277秒角のずれがあり、一番質量の大きな惑星である木星の影響で153秒角のずれ、地球の影響で90秒角、その他の惑星で10秒角分については説明が可能でした。しかし、これらを全部足しても、残りは43秒角あって計算が合わず、その説明がつかなかったのです。

注11　1度より小さな角度は、1度を60分、1分を60秒とする単位を使います。

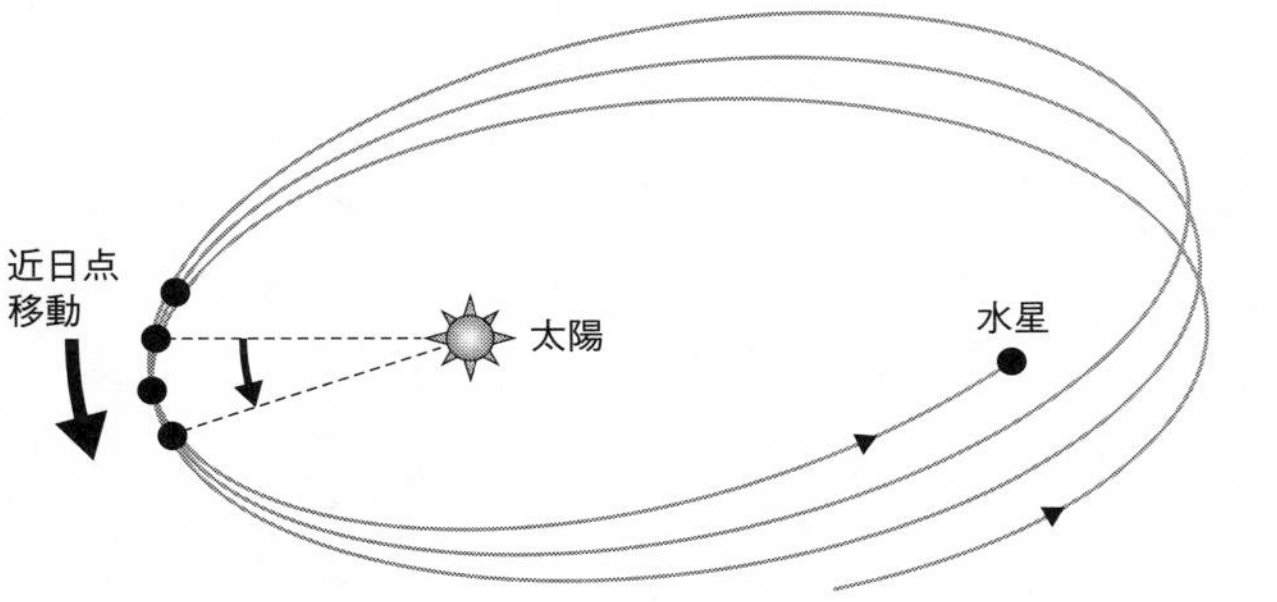

図1-16　水星の近日点移動
水星の軌道はきれいな楕円にならず、花びら模様を描くようにずれていく。この近日点移動はニュートン力学では解決できない問題だったが、一般相対性理論が解決した

１９１５年、アインシュタインが完成したばかりの一般相対性理論を太陽のまわりの時空に適用すると、見事に水星が「１００年で43秒角の歳差運動をする」という結果が出てきました。43秒角の分は、太陽の重力で時空が歪むために、水星の運動がニュートンの運動方程式からずれた軌道をとることが原因だったのです（図１‐16）。

アインシュタインはこの計算結果を得たあと、「2、３日間、興奮のため、我を忘れてしまった」と述べています。

こうしてアインシュタインは、重力の正体は時空の歪みである、という理論に到達しました。この理論の予言がはじめて観測で確認されるのは、１９１９年に南半球で見られた皆既日食のときに、太陽の近くに見られる星の位置が通常と異なることの観測でした。太陽の質量によって空間が歪み、その歪んだ空間を光が進むため、皆既日食以外のときとは光の進む方向がずれてしまうのです。太陽のそばを通る光ほど曲がり角が大きいという結果が予想通りに得られたことが、エディントン（1882〜1944）によってイギリスの学会で報告されると、その翌日からアインシュタインの名前は世界に知れ渡ることになりました。

相対性理論が最終的な方程式に至る過程には、アインシュタインの美的意識が反映されていて、その点が他の物理理論と大きくかけ離れています。彼が1916年に書いた論文では、重力場の方程式の導出過程がくわしく書かれていますが、いまでも多くの教科書がそれをなぞる形で説明しています。発表から100年以上が経ち、その間、アインシュタインの考えを拡張した多くの重力理論が提案されてきました。しかし、いずれの理論も実験や観測で棄却されていて、アインシュタインの理論だけが生き残っています。「もっとも簡単な方程式」が結果的に多くの検証に耐えて残っていることに、物理法則の深遠さを感じます。

一般相対性理論は、ブラックホールの存在を予言し、宇宙膨張を予言し、重力波の存在を予言することになるのですが、実は、それらのいずれもがアインシュタイン自身の予想を裏切る現象でもあり、本人はそのすべてに一度は拒絶反応を示しました。次に続く章では、そのブラックホールと宇宙膨張について紹介します。重力波を含めた歴史的な展開については拙著参6（242ページからの参考文献の番号です）に書きましたので、そちらもご参照ください。

コラム　アインシュタインのノーベル賞受賞

アインシュタインは１９２２年の11月から12月にかけて、出版社の改造社に招聘されて来日し、日本各地で講演をしました。当時43歳、すでに世界的な有名人だったアインシュタインは熱烈に歓迎され、その講演に「多くの人が酔いしれた」と当時の新聞が伝えています。彼の独特な風貌をひと目拝みたい、内容は理解できないが声を聞きたい、と講演会に詰めかけた人々は、数時間に及ぶ難解な話にも、途中で席を立つことはなかったそうです。アインシュタインがどこを観光し、何を食べ、何を話したかも逐一報道され、日本中にフィーバーが起きました。

この来日のための船旅の途中で、アインシュタインはノーベル賞受賞の知らせをうけました。前年度（１９２１年度）のノーベル物理学賞の受賞者が「対象者なし」とされていたのが、１年さかのぼる形で発表されたもので、贈賞理由は「理論物理への貢献、とくに光電効果の法則の発見」に対してでした。「光電効果」とは、金属に光が当たると電子が飛び出す現象です。

金属に光を当てたときに、当てる光の波長が長いと（赤っぽいと）どんなに光が強くても電子が飛び出さず、逆に波長が短いと（青っぽいと）どんなに光が弱くても電子が飛び出すことが知られていて、なぜそうなるのかが謎でした。アインシュタインは、光が波としての性質だけではなく、粒子としての性質も持てば、この現象が説明できるとする理論を１９０５年に発表したのです。この理論はのちに、ミクロな世界を明らかにする「量子力学」に発展しました。

贈賞理由が、彼の名前を不動のものとした相対性理論ではなかった理由は、まだ選考委員会が相対性理論の価値を見定めるのに慎重だったから、とされています。実験で実証されることがノーベル物理学賞では大前提となっていますが、水星の近日点移動については他の理論でも説明できるという誤った主張があり、皆既日食での光線の曲がりに対しては赤方偏移が確認されていないなどの批判があったため、といわれています。しかし翌年7月にスウェーデンで開かれたノーベル賞受賞講演では、アインシュタインは光電効果については一言も触れず、相対性理論の話をしました。

ちなみに、同じ年に発表された１９２２年度のノーベル物理学賞は、「原子の構造と原子から放出される放射の解明」の業績でボーアに贈賞されました。アインシュタインとボーアは、その後に完成する量子力学の解釈を巡って、物理学史に残る大論争を展開することになります。

第2章

アインシュタイン方程式の解

アインシュタイン方程式は全部で 10 本の微分方程式（非線形の 2 階の偏微分方程式）が非常に複雑に絡み合った構造になっているため、これまでに得られている厳密解はすべて、簡単化のために何らかの仮定をして変数を減らしたうえでの解になっています。（本文より）

アインシュタインの一般相対性理論は、時間と空間を合わせた4次元時空が歪むことで、その中を進む物体が曲がって進み、その運動を私たちは重力による運動と受けとめるのだ、という理論でした。彼が到達した方程式（⬇49ページ 数式2の③式）はアインシュタイン方程式（重力場の方程式）と呼ばれますが、それは複雑な微分方程式から成り立っていて、なかなか紙と鉛筆では解くことができません。

アインシュタイン自身も、太陽のまわりの時空の歪みを計算するときは近似的な解を用いていて、自身の方程式を完全にみたすような解を得ていたわけではありませんでした。

2-1 アインシュタイン方程式の厳密解

アインシュタイン方程式を「解く」とは、時空がどのように歪んでいるのかを示す計量テンソル g_{ab}（⬇48ページ 数式1）を求めることです。計量テンソルは、空間の伸び縮みを表す幾何学的な量です。得られた解は、ブラックホールや高密度星、膨張宇宙、重力波などを表すことになります。

方程式の解を、数式として表現できる形で発見できれば（すなわち、紙と鉛筆で解ければ）「**厳密解**を求めた」と表現されます。アインシュタイン方程式は全部で10本の微分方程式（非線形の2階の偏微分方程式）が非常に複雑に絡み合った構造になっているため、これまでに得られている厳密解はすべて、簡略化のために何らかの仮定をして変数を減らしたうえでの解になっています。厳密解には「○○の解」のように発見者の名前が残されています。

変数を減らす方法

4次元時空（3次元空間と時間）を扱ってアインシュタイン方程式の厳密解を得るためには、時空に対称性を課したり、物質分布を簡略化したりなどの制限や仮定をつけて、変数を減らす工夫をします。たとえば次に挙げるような工夫です。

●空間の対称性の制限

もし空間が**球対称**であると仮定すれば、空間全体が玉ねぎのような構造となり、すべての空間の特徴が中心からの距離だけによって決まるので、空間座標は1つの変数だけで済みます。空間が**円筒対称**（茶筒やバウムクーヘンのような構造）や**面対称**であると仮定しても、空間座標は1変数だけで済みます。また、回転している卵のような構造ならば、**軸対称**空間を仮定することで、空間は2変数で表現できます。

●時間の対称性の制限

条件は時間方向にも課すことができます。時間変動がない時空は**静的な時空**、時間が経過しても不変な時空は**定常な時空**と呼ばれます。後者は、回転していたり、時間の流れが一定であったりするような状況です[注1]。

●物質分布の仮定

アインシュタイン方程式の右辺は重力源（エネルギー運動量テンソル）を表現していますが、ここにも仮定を入れることができます。もっとも簡単なのは、すべて真空と考えることで右辺をゼロと設定するものです。その次の段階では、**一様**（場所によらずに一定値）に分布して**等方**（どちらの方向も同様）な圧力をもつ物質を仮定したり、簡単な関数で表される場を設定したりする仮定がよく行われます。さらに進めば、物質分布を**非一様**として、場所によって濃淡があるような設定を取り入れることになります。

●無限遠方でのふるまいの仮定

星のような孤立した重力源を考える場合、星のずっと遠方では平坦な時空になっている解となることが必要です。これを**漸近的**《ぜんきんてき》**平坦性**(asymptotical

---

注1　厳密には、座標系のとり方によって、静的に見える時空も動的に表現できます。空間や時間の対称性は、その方向に**キリングベクトル**が存在するかどうかで定義されます。キリングベクトルとは計量テンソルを平行移動したときに、その変化がない（共変微分がゼロになる）場合に定義されるベクトルです。たとえば計量テンソルが時間座標に依存しなければ、その時間軸方向にキリングベクトルが存在します。

flatness）といいます。これとは別に、膨張宇宙の中での重力源を考察するときには、遠方では膨張している時空になる解を考える状況が生まれます。

前章の48ページ**数式1**の①では「ミンコフスキーの解」というものが出てきましたが、これは、「重力源がない（真空）」という仮定のもとでの自明な解にすぎません。アインシュタイン方程式の厳密解を初めて得たのは、シュヴァルツシルト（1873～1916）です。アインシュタインが方程式を発表して1ヵ月後のことでした。

2-2 ブラックホールの解

シュヴァルツシルトの解

シュヴァルツシルトはドイツの天文学者で、天文観測を肉眼観測から写真観測へ移行させた先駆者です。彼はアインシュタインが時空の歪みを思いつく15年前に、すでに空間が曲がるという考えを持っていました。アインシュタインが1915年11月にベルリン・アカデミーで、重力場の方程式についての最終的な講演を行った場にいて、すぐにその重要性を理解したようです。そして12月22日には、厳密解を得たことをアインシュタインに手紙で報告しています。

シュヴァルツシルトはもっとも簡単な仮定をして、アインシュタイン方程式を解きました。それは「重力源がただ1点だけにあって、そのほかは真空」であり、時空は「球対称で静的」であり、漸近的平坦性をみたす、という仮定です。こう仮定することで、変数は動径座標 r ひとつだけになり、求める計量も g_{tt}, g_{rr} の2成分だけになります。こうして得られた解は、しかし、非常に奇妙なものでした。

63ページの数式3の④式が、**シュヴァルツシルト解**として知られるものです。この解は、いまでこそ回転していないブラックホールを表すことがわかっていますが、当時はまったく不明なものでした。アインシュタインへの手紙の中で、シュヴァルツシルトはその奇妙なふるまいについてたずねたのです。

不思議な点の1つは、物質を置いた原点 $r=0$ での計量のふるまいでした。計量の成分の中には r が分母に出てきますので、原点ではゼロで割り算をする「ゼロ割り」になり、この計量は無限大に発散してしまいます。

もう1つは、$r=2GM/c^2$ の半径での計量のふるまいです。G は万有引力定数で、c は光速です。Mは原点に置いた質量です。この半径の場所でも、計量が無限大に発散してしまいます。十分に遠方であれば、平坦な空間になってもっともらしいものの、$r = 2GM/c^2$の半径に近づくにつれて、空間は無限に歪められているようです。そして、遠方から光や物質をこの原点に近づけると、時間の進み方もゼロになり、すべての軌道がこの球面で終わるか消滅するようなふるまいになります。

$r = 2GM/c^2$の半径を**シュヴァルツシルト半径**（重力半径）といいます。以下ではr_gとして表すことにしましょう。質量Mを太陽の質量とすると、$r_g = 2.95\,\mathrm{km}$です。質量Mを地球の質量とすると、$r_g = 8.9\,\mathrm{mm}$です。つまり、地球が親指の爪くらいまでに圧縮されると、このような奇妙なふるまいになるのです。

手紙を受け取ったアインシュタインは、すぐにこの解が正しいことを確認し、奇妙なふるまいが生じることも確認しました。そして、シュヴァルツシルトが仮定した簡略化を絶賛しながらも、無限大が生じる解が得られたことについては、「あまりに数学的に簡単な設定にしたからだ」と考え、現実にはありえないものと考えたようです。

「ブラックホール」という言葉が生まれたのは、これより50年以上もあと、アインシュタインの没後の話です。そして、この解が表しているブラックホールが現実に存在することが判明するのは、さらにあとのことでした。なお、シュヴァルツシルト半径は、ブラックホールの**事象の地平**

数式 3

シュヴァルツシルト解

時空が静的で、球対称ならば、計量は、空間に球座標(r, θ, ϕ)を用いて

$$ds^2 = A(r)c^2dt^2 + B(r)dr^2 + r^2(d\theta^2 + \sin^2\theta d\phi^2)$$

の形になる。中心となる原点に質量Mがあり、他は真空$(T_{ab} = 0)$と仮定して、アインシュタイン方程式③を解くと、

$$ds^2 = -\left(1 - \frac{r_g}{r}\right)c^2dt^2 + \frac{dr^2}{1 - \frac{r_g}{r}} + r^2(d\theta^2 + \sin^2\theta d\phi^2) \qquad ④$$

の解が得られる。ここで、$r_g = 2GM/c^2$である。これが**シュヴァルツシルト解**で、のちにブラックホールを表すことがわかった。r_gはシュヴァルツシルト半径と呼ばれ、ブラックホールの半径を表す。

この解は、$r = 0$と$r = r_g$で「ゼロ割り」が生じる特異性をもつ。$r = r_g$の面は座標変換によって特異性を消すことができるが、$r = 0$は時空特異点となる。

面を表します（くわしくは第3章の3－2節）。原点の無限大は、**時空特異点**を表します。3－1節では、数学用語としての「特異点」を定義しています。

アインシュタインもシュヴァルツシルトも、この解の本当の意味を理解しないまま亡くなりました（シュヴァルツシルトは第一次世界大戦中、ミサイル砲弾の軌道計算に駆り出されていました。天疱瘡《てんぽうそう》という難病で1916年に亡くなっています）。

一般相対性理論が天文学の主役に躍り出るのは1960年代です。それまでは、燃え尽きた星が無限に重力崩壊して潰れていくようなことが現実に起こるのかどうか、長い議論と論争が繰り返されました。

ところで、相対性理論の教科書では、数式を簡潔に記すために $c = G = 1$ と置く幾何学的単位系がよく用いられています。この単位系でシュヴァルツシルト半径を書くと、$r = 2M$ となります。「長さ」＝「質量」となる慣れない表記法ですが、単位を復活させる方法を次ページの数式4に説明しておきます。

無限に潰れていく星は現実に存在するのか

一般相対性理論は、ブラックホールや膨張する宇宙、そして重力波の伝播という新しい物理現象を次々に導きましたが、前にも述べたようにいずれのトピックに対してもアインシュタイン自

数式 4

$c=G=1$の幾何学的単位系

物理を議論するときの基本的な3つの次元は、長さ〔L〕・質量〔M〕・時間〔T〕である。相対性理論を扱う物理では、光速 $c=3.0\times10^8$〔m/s〕と、万有引力定数 $G=6.7\times10^{-11}$〔$\mathrm{m^3/s^2/kg}$〕をどちらも1とした単位系で書き表して、数式を単純に記載することが多い。これはひとまず〔L/T〕$=1$ かつ〔L^3/T^2M〕$=1$ としたことを意味する。こうすると、すべての次元を長さに変換できる。

- 時間 t〔T〕は、c を乗じて ct とすれば長さになる。
- 質量〔M〕は、G/c^2 を乗じれば長さになる。
- 加速度〔L/T^2〕は、$1/c^2$ を乗じれば（長さ）$^{-1}$ になる。
- 角運動量〔L^2M/T〕は、G/c^3 を乗じれば（長さ）^{2} になる。

計量を表記するとき、$c=1$として、$ds^2=-dt^2+dx^2$ などと書かれることが多い。また、ブラックホールの半径が $r=2M$ と書かれているときは、$r=2GM/c^2$ が略された書き方だと理解すればよい。

身は、一度は拒絶反応を示しています。彼自身をもってしても、どれも受け入れがたい結論であったのでしょう。ましてや、他の物理学者・天文学者にとってはなおさらでした。

イギリス人の天文学者エディントンは、第一次世界大戦の敵国ドイツ人の業績である一般相対性理論の価値をただちに理解した一人です。前章の最後で紹介したように彼は、皆既日食を利用してこの理論の検証を行う観測隊をみずから組織し、一般相対性理論の予言する空間の歪みを初めて観測しました。この観測結果を発表したとき、新聞記者がエディントンに「アインシュタインの理論は難しくて世界で3人しか理解していないそうですが、先生はその一人ですよね」とたずねると、エディントンはしばらく考えこんだそうです。記者が「そう謙遜なさらずに」と言うと、エディントンは「3人目は誰かと考えていた」とおどけたというエピソードが伝わっています。エディントンが誰よりも相対性理論を理解していたのは事実です。

しかし、そのエディントンでさえ、燃え尽きた恒星の最期の姿について、重力で永久に潰れていく天体の解を受け入れることはできませんでした。燃え尽きた星は、外向きの放射の力を失うので、みずからの質量で中心方向に潰れていきます。しかし、物質には大きさがあるために、どこかのところで重力崩壊は止まるだろうとも考えられます。若きインド人の物理学者チャンドラセカール（1910〜1995）が、量子力学で説明される電子の縮退圧[注2]というものを利用して星（**白色矮星**）を支える構造を計算したとき、その星の質量には上限値（太陽質量の1・4

倍）が存在することを見出しました。つまり、質量がある程度大きい星の場合、電子の縮退圧では星は支えきれず、「大きさゼロ」に向かって重力崩壊が進むことになります。しかしエディントンはこの説を嫌い、学会の場で発表者のチャンドラセカールを執拗に攻撃したと伝えられています。

電子の縮退圧で支えられなくなった星は、さらに小さく潰れていきます。隣り合う原子どうしが押し込められると、原子核のまわりを動く電子が原子核に押し込められることになり、マイナスの電荷をもつ電子と、プラスの電荷をもつ陽子が合体して、中性子になると考えられます。こうして、白色矮星の10万分の1の大きさになった中性子の塊になると、星の崩壊はいったん止まることになると考えられます。

これが中性子の塊としての星、**中性子星**ですが、その中性子星にも質量の上限値があることが示されています（原子核物質の状態方程式によって質量の上限値は異なりますが、およそ太陽質量の2倍前後と考えられています）。太陽の10倍以上の質量の恒星は、その最期の重力崩壊では中性子星とはならず、支えるものがないために無限に潰れていかざるをえません。このような研究が進展するのは、1930年代後半から1950年代にかけてでした。

注2　星の大きさを決めるのは内向きの重力と、外向きの放射による圧力勾配の2つです。両者が釣り合った半径が星の大きさになります。チャンドラセカールが考えたのは、電子による反発力が重力と釣り合って星を支える構造でした。電子はマイナスの電荷をもつので、電子どうしは反発する力をもちます。ここでの縮退圧とは、電子による反発力です。

1939年、オッペンハイマー（1904〜1967：のちに原子爆弾製造を率いる物理学者）とスナイダー（1913〜1962）は、重力崩壊していく星からの情報を遠方で観測すると、次第に情報の間隔が延びていくことを指摘します[参8]。これは、光などが強い重力場に捕《と》らえられて、外側に脱出するまでに時間がかかるようになることが原因です。このことを彼らは、「爆縮によって重力で切り離された領域ができる」と表現しました（現在の用語では「重力崩壊によるブラックホール形成」です）。のちに、ブラックホールの定義の1つとして、「光が無限遠方に到達しえない領域（事象の地平面の内側）」という定義がされますが、この定義を採用すると、遠方にいる観測者は永久にブラックホールを観測できないことになります。

ブラックホールの境界面は特異ではなかった

シュヴァルツシルトが発見した解（⬇62ページ 数式3）では、半径$r=r_g$の面が、分母をゼロで割り算することによる無限大の場所、いわゆる「ゼロ割り」の特異点になっていて、時間の進み方もゼロになる奇妙な場所でした（次ページの図2-1上）。ところが、この特異性を座標変換（座標系の張り替え）によって「取り除く」手法（⬇69ページ 数式5）が、1958年にフィンケルシュタイン（1929〜2016）によって発表されます。つまり、半径$r=r_g$の面は、本当は特異点ではなかったのです。

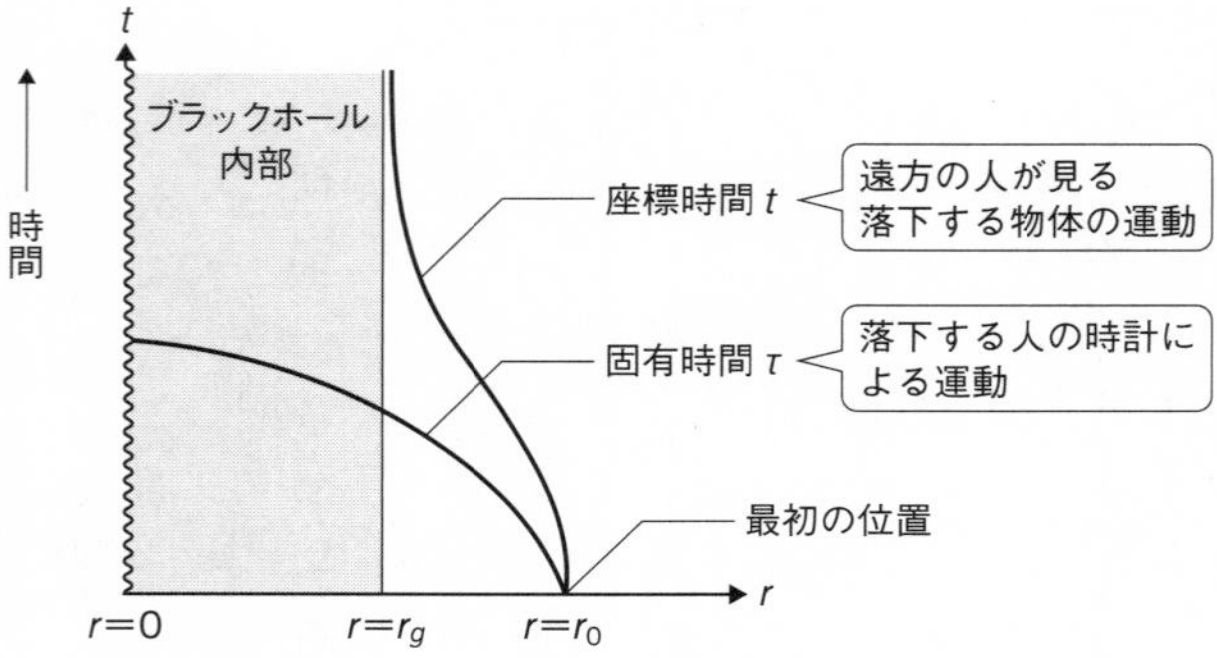

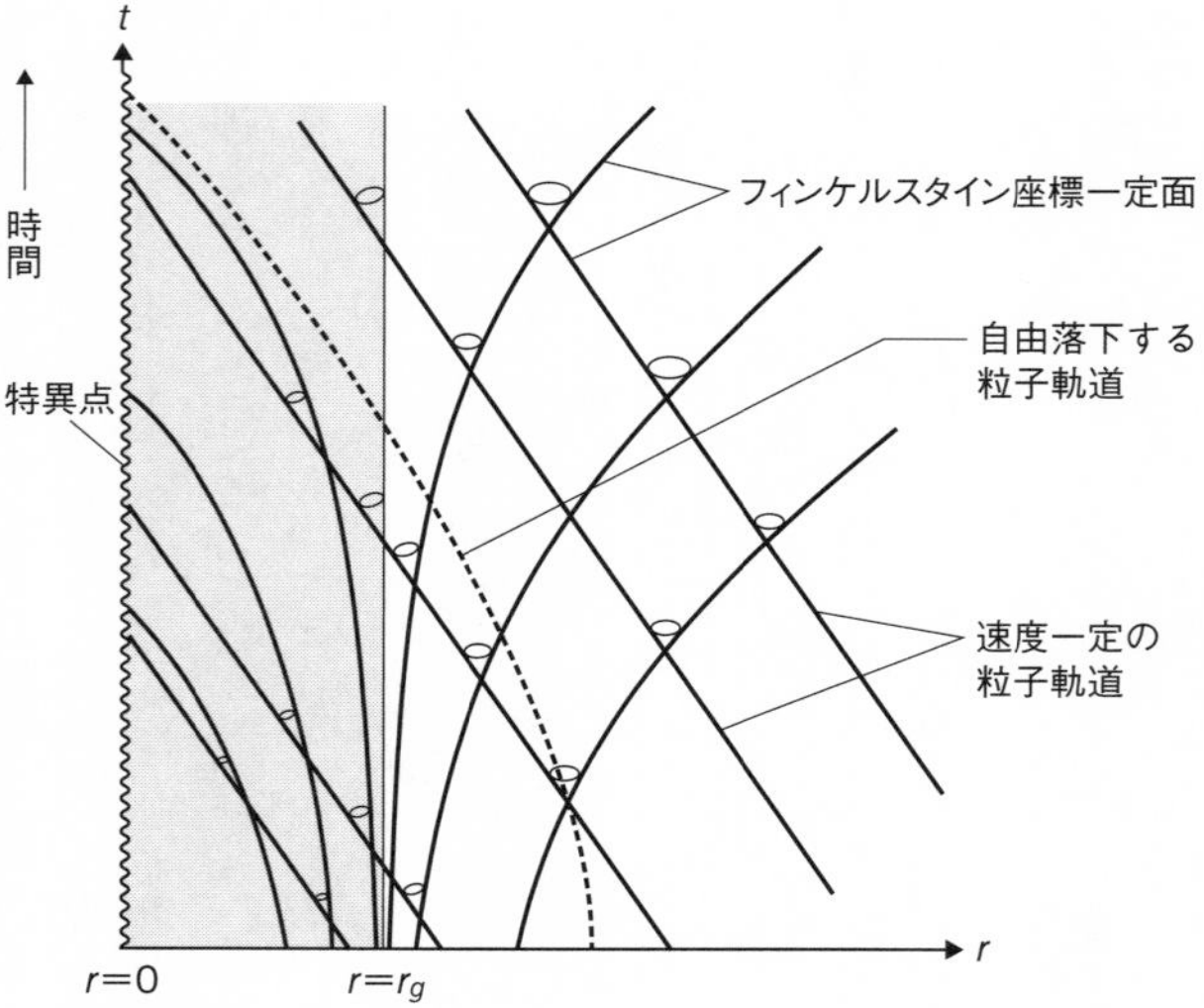

図2-1　シュヴァルツシルト解のふるまい
（上）もともとの座標で見ると、星が重力崩壊して落ち込んでいく人は有限時間で落下するが、遠方から見ている人には無限の時間が経っても半径 $r = r_g$ の面にまでしか到達しないように見える
（下）縦軸と横軸がもとのシュヴァルツシルト座標で、図中の実線がフィンケルシュタインの考案した座標。フィンケルシュタインの座標を使うと、半径 $r = r_g$ の面を通過して扱うことが可能になる。各時刻と位置から光を出したときの光円錐も描いてある

数式 5
シュヴァルツシルト解
（エディントン・フィンケルシュタイン座標）

シュヴァルツシルト解の $r = r_g$ の面は、光や物質が1方向にしか進めないという性質のほかは、とくに特異なものではない。「ゼロ割り」のように見えてしまった解は、次の座標に変換することで問題がないことが確かめられる。数式3の④の $(t,\ r)$ 成分を次のように書き直す。

$$ds^2 = \left(1 - \frac{r_g}{r}\right)\left\{dt^2 - \left(1 - \frac{r_g}{r}\right)^{-2} dr^2\right\}$$

$$= \left(1 - \frac{r_g}{r}\right)\left\{dt - \frac{dr}{1 - r_g/r}\right\}\left\{dt + \frac{dr}{1 - r_g/r}\right\}.$$

さらに、$t_* = t + r_g \log|r - r_g|$ という時間座標を用いると、

$$ds^2 = \left(1 - \frac{r_g}{r}\right)\left\{dt_* - \frac{r + r_g}{r - r_g}\, dr\right\}\{dt_* + dr\}$$

$$= \left(1 - \frac{r_g}{r}\right) dt_*^2 - \left(1 + \frac{r_g}{r}\right) dr^2 - 2\frac{r_g}{r}\, dt_* dr$$

となる。この (t_*, r) 座標で考えると、$r = r_g$ で発散せず、内向きの光円錐は一定の傾きをもつ。

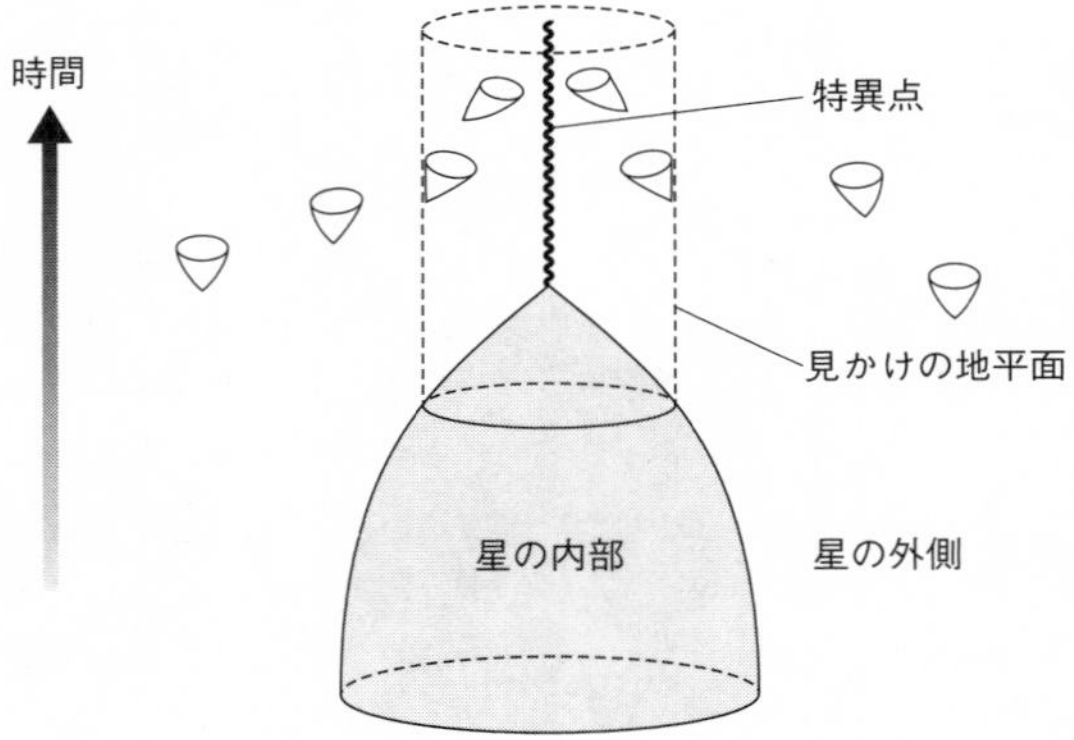

図2-2　ブラックホールの成り立ち

縦軸に時間、横軸に空間（3次元空間のうち2次元分だけ）をとり、星が重力崩壊を起こしてブラックホールになることを表す図。光円錐が外に広がることができない境界があれば、ブラックホールといえる（第3章参照）。フィンケルシュタインの座標によって、ブラックホールの成り立ちがこの図のように理解されるようになった

フィンケルシュタインが見つけた座標変換は、光の進む方向が（t, r）平面で一定となるように、時間座標tを対数を用いてt_*に選び直すものでした。このようにすると、$r=r_g$近傍では計量は発散しなくなります。つまり、光速で落ち込む観測者がいたとすれば、無限大の問題は発生しない（普通に落ち込んでいく）ことになります。

　この座標系を使うと、星の表面は中心に向かって落下する座標点になっています（図２－１下）。そして$r=r_g$の境界面を普通に越えて中心に向かうことができ、その境界面より内側では光の速さでも脱出できないことが示され

ます（のちにエディントンが同様の座標変換をしていることが再発見され、いまではエディントン・フィンケルシュタイン座標と呼ばれています）。

フィンケルシュタインの論文は、単に座標の変換式と光の広がる様子が境界面の内側と外側で異なることが書かれているだけで、星の話にも爆縮の話にも触れられていません。しかし、この座標変換は、爆縮する星の最期の姿が一点に潰れていくことを多くの研究者に確信させ、図2－2のような描像が研究者間で理解されました。（第3章では、この境界面を「見かけの地平面」と呼びます。ブラックホールの定義となる「事象の地平面」は、この外側です）

ペンローズ時空図

ブラックホール時空の因果関係を理解できる図として、ペンローズとカーター（1942～）が考案した表現方法を紹介しましょう。ペンローズは、フィンケルシュタインの考案した座標系にさらに工夫を加え、光の進む方向が（t, r）平面でつねに45度の2つの方向に保たれるように座標変換をして、さらに無限遠方を有限距離に圧縮する座標系を導入しました[参4]。こうすると、空間無限遠や、光が到達する過去や未来の無限遠を含めて、時空全体を表すことができます。また、光の進む方向が座標平面上で決まっているので、因果関係を持ちうる領域も明確になります。シュヴァルツシルト解を描いたペンローズ時空図[参5]を図2－3に示します。

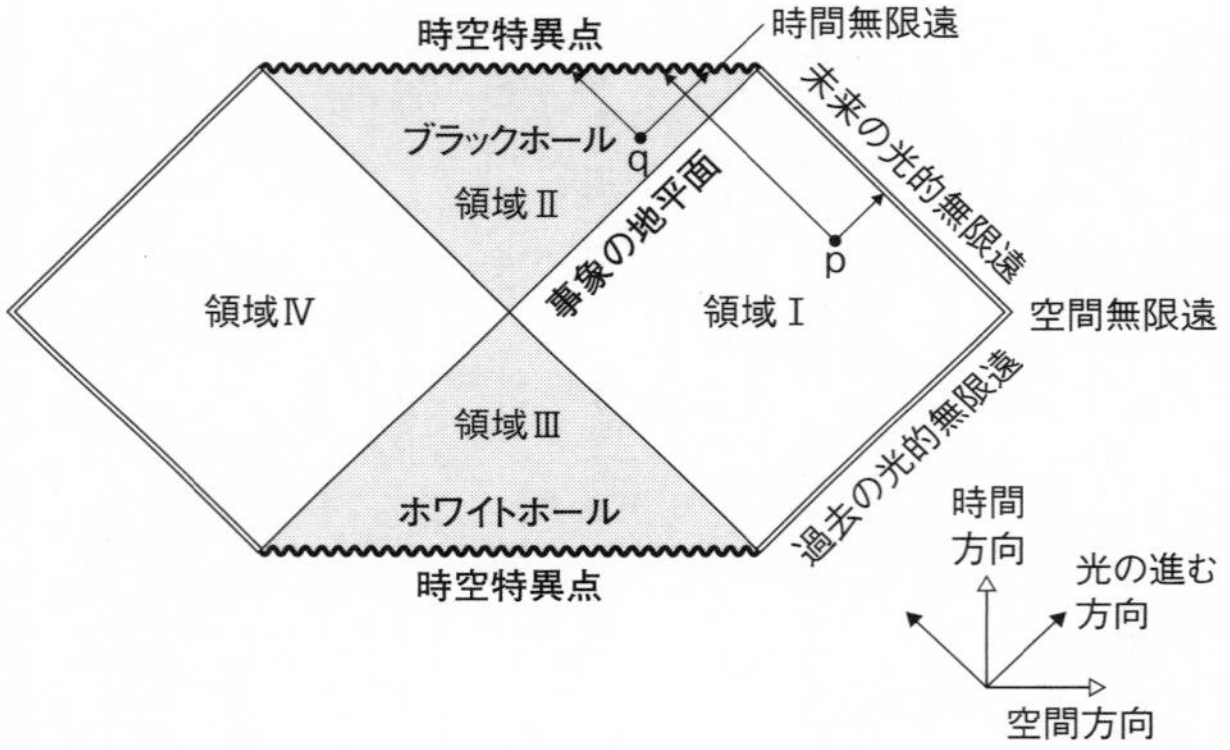

図2-3　シュヴァルツシルト解を描いたペンローズ時空図
光の進む方向をつねに斜め45度方向とし、無限遠を有限距離に圧縮して時空全体を描いたもの。領域Iはブラックホールの外側、領域IIはブラックホール。数学的にはホワイトホール（領域III）ともう1つの領域IVを加えて時空構造全体となる。ひとたびブラックホールに入ると決して外側には脱出できないことが表現されている。領域IとIVは、光円錐が交わらないので因果関係を持てない

図の領域Ⅰが、私たちがいるところ（ブラックホールの外側）で、領域Ⅱがブラックホールです。その境界線が半径$r=r_g$の面（事象の地平面）です。領域Ⅰの中の点pから光が進む2つの方向に矢印が引いてありますが、これは時空のある点pから、ブラックホールへ向かう光と、離れていく光とに対応します。ブラックホールから離れていく光は無限遠まで到達できますが、ブラックホールに入るとその外側には脱出できないことがわかる図になっています。ブラックホール内部の点qからも光の軌跡を2本、矢印で引いていますが、こちらは2本とも、決

して外側には脱出できないことが表現されています。

数学的には、ホワイトホールと呼ばれる領域Ⅲと、もう１つの領域Ⅳを加えたものが、時空構造の全体となります。領域ⅠとⅣは、光円錐が交わらないので因果関係を持てません。いわば、「この世」と「あの世」に相当する世界です。領域ⅢとⅣは、数学的な「方程式の解」として出てくるものです。実際の宇宙に、ホワイトホールや「あの世」が存在するのかどうかはわかっていません。

ブラックホール内部の境界（$r=0$ の点に相当するところ）は時空特異点となっています。これは原点が空間的に引き伸ばされた図の表記になっていますが、このような構造の特異点を「空間的に広がった特異点」ともいいます（特異点の分類については、４‐１節「強い宇宙検閲官仮説」のところで説明します）。

ブラックホール候補天体の発見

１９５０年代の終わり頃まで、一般相対性理論は現実とかけはなれた数学とみなされ、ごく少数の研究者だけが細々と研究を続けてきました。その流れが一気に変わるのが、１９６０年代でした。理論的な進展とともに観測技術も進み、正体不明の天体が次々と見つかってきた時代です。

１９６２年にＸ線による天体観測が始まると、宇宙のあちこちから強いＸ線が放射されていることがわかってきました。とくに「はくちょう座X-1」と呼ばれる天体（1964年発見）が発するX線は、1秒足らずで強弱の変化を見せました。1963年にはクェーサー（準星）と呼ばれる強い電波を発する天体が非常に遠方にあることが報告されます。銀河の100万分の1のスケールから、銀河全体の100倍のエネルギーを放出している天体です。1967年には電波観測によって、秒スケールで定期的に信号を出すパルサーが発見されました。発見当初は宇宙人からの信号と考えられ、「LGM-1」（Little Green Man、緑の小人）と命名されました。

このように短時間で電波やX線の強弱を変化させる天体は、それだけ小さな領域に存在していなくてはなりません。強い重力が、小さな領域に存在し、かつ光らない――このような状況証拠が蓄積されてくると、ブラックホールが現実に存在するのではないか、と考える研究者が増えてきました。

現在では、クェーサーは活動銀河核と呼ばれ、若い銀河の中心にある巨大ブラックホールが、呑み込み損なったガスを回転軸方向にジェットとして放射している現象だと考えられています。私たちの銀河の中心にも、太陽質量の400万倍の超巨大ブラックホールが存在しています。しかし、銀河中心にはすでにガスはほとんどなくなっているので、ジェットは吹き出していません。

はくちょう座のX線は、ブラックホールが隣の星を呑み込みつつあり、呑み込まれていく星のガスなどが激しく動いてぶつかり合うことによって放射されているものと考えられています。私たちは洗面台や風呂で溜めた水を流し出すとき、水が渦を巻くのを目にしますが、ガスが1点に向かって落ち込むと、同じように渦を巻いて、降着円盤と呼ばれる構造をつくります。ガスは回転する運動量（角運動量）を保存するので、中心にいくほど速く運動するようになります。内側ではガスの分子どうしが激しくぶつかり合って温度が1000万度以上になり、X線を放出すると考えられます。

パルサーの正体は、高速で回転する中性子星であることがわかっています。中性子星は半径10㎞足らずで太陽質量ほどの質量をもちます。強い重力・強い磁場をもち、その磁力線に沿って電波を放出するのです。灯台のサーチライトのように、電波が地球に向けて定期的に送信されているような状態になります。回転数は、速いものは1秒間に1000回ほどになり、1000Hzの信号を発します。宇宙人からの謎の信号と誤解されたのも無理からぬ話です。

ところで「ブラックホール」という呼び名は、この頃に生まれました。第二次世界大戦後、水素爆弾の開発の仕事を終えた原子核物理学者のホイーラー（1911～2008）は、相対性理論・量子論の研究に転向し、ファインマン（1918～1988）やソーン（1940～）など、次の世代の中心となる物理学者を多く育てました。ソーンの著書によると、1967年冬の学会で、ホイーラーはまるで以前から使われていた言葉のように、「ブラックホール」という言葉を使ってパルサーの正体を説明しはじめたそうです（パルサーの正体はその後、中性子星であることがわかりましたが）注3。ホイーラーは命名の達人で、この他にも、「ワームホール」、（量子効果を考えなければいけないスケールとしての）「プランク時間」「プランク長さ」、（量子力学における散乱演算子である）「S行列」など、いまでは研究者が普通に使っている言葉も多く発明しました。

このように強い重力場の効果が天文観測されるようになったことでようやく、ブラックホールの存在を含めて、一般相対性理論が現実の物理学として認識されるようになりました。ちなみに、天文学者にとってブラックホールは「何でも呑み込むコンパクトな天体」でありながら「巨大なエネルギーを放出させる天体」です。何か正体不明の「明るい天体」があると、明るさの原因はブラックホールではないか、と考えます。活動銀河核が回転軸方向にジェットを放射するのは、中心付近に吸い込まれて大きな角運動量を持ったガスが、巻きつく磁場に沿って逃げ道を回転軸方向に見つけ、角運動量を線形運動量に変えて飛び出してくるから（ブランドフォード・ズナエック効果）、と考えられています。

注3 「ブラックホール」を初めて命名した人物については諸説あり、1964年にアン・ユーイングという女性記者が、『The Science News Letter』誌（1964年1月18日号）に「“Black Holes” in Space」というタイトルの記事を書いています。彼女は国際会議でこの言葉を聞いたそうですが、誰の言葉かは記載していません。活字化された「ブラックホール」は、このときが初出のようです。

回転するブラックホール解の発見

1960年代のはじめ、微分幾何学の手法を用いてアインシュタイン方程式の解を導くという新しい方法が提案され、研究者たちは活気づいていました。天文学的な発見も相次ぎ、一般相対性理論研究が花開く前夜でした。「相対性理論研究のルネッサンス」とも呼ばれています。

テキサス大学相対性理論研究センターの研究員の身分だったカー（1934〜）は、数学的な興味から、アインシュタイン方程式の解のうち、光が進んでも光の断面に歪み（シア）が生じないような時空を探していました。言い換えると、光が広がっていったときに、その進路に、垂直な断面が単に拡大縮小するだけの時空があるかどうかを研究していたのです。同じ頃、ニューマン（1929〜2021）が、重力が存在すればそのような時空は存在しない、という論文を書いていたのを同僚から知らされたカーは、すぐにニューマンの計算ミスを発見しました。そして、歪みがない一般的な時空を数ヵ月間探したところ見つけられなかったので、しかたなく、回転軸をもつような時空に絞り込み、さらに時間に依存しないような仮定をしたところ、方程式の解が1つ得られました。

翌日、新しい解が見つかったことをカーが研究センター長のシルドに報告します。すると、本当にこれが回転している物体なのかどうかが議論になりました。

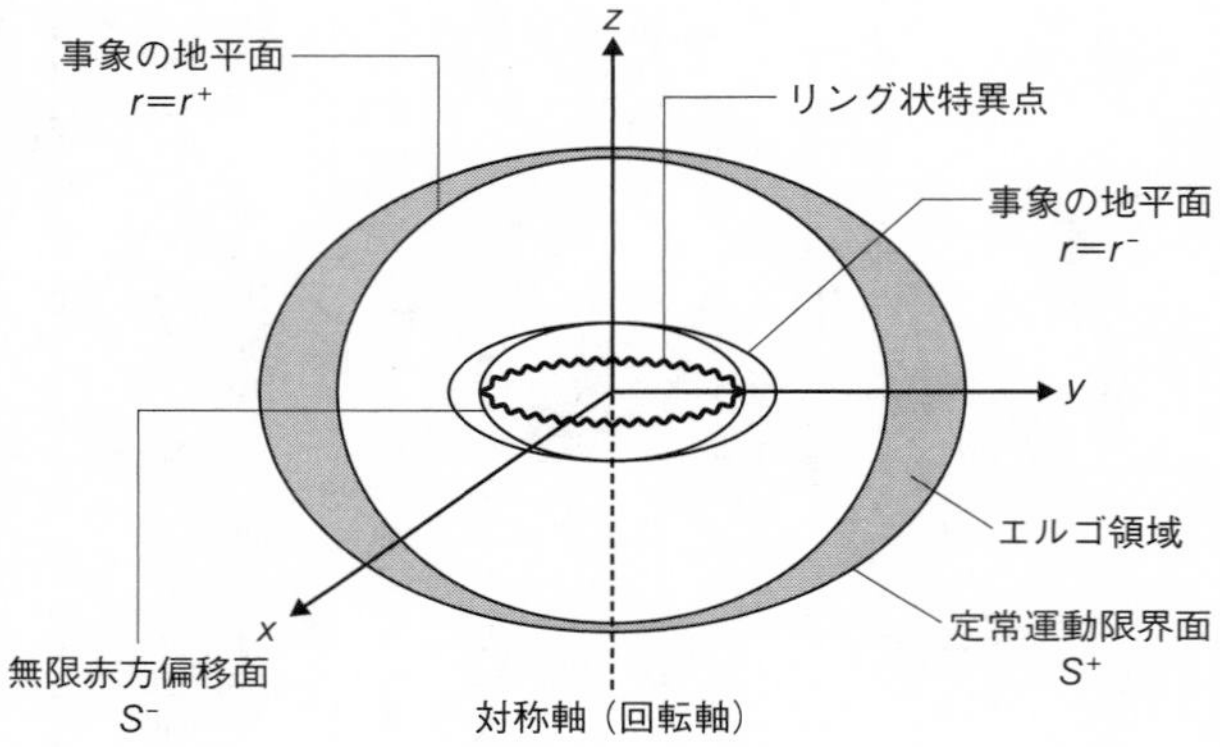

図 2-4　カー・ブラックホールの内部の様子
中心部分にはリング状の特異点が存在し、特異点を取り囲むように2つの事象の地平面がある。さらに外側にはエルゴ領域と呼ばれる部分があり、ここではブラックホールの回転の影響で静止することができない

カーの得た解は、特異点を持っていました。特異点の回転速度は計算することができません。しかし、回転している時空では、同じ箇所に留まることができずに無理やり回転させられてしまう（「引きずり効果」が生じる）座標点があることが知られています。座標系の引きずりの大きさを計算すれば、中心物体が回転しているかどうかがわかるのです。30分後、カーは、新しい解は回転していることを見出しました。アインシュタイン方程式で、自転している天体の解（➡次ページ 数式6）が初めて発見された瞬間でした。これを**カー解**と呼びます。

「回転する質量の重力場」と題した1ページ半にみたないカーの短い論文は、学会誌

数式 6

カー解（回転するブラックホール解）

時空が定常で、軸対称として、中心となる原点に質量Mがあり、他は真空（$T_{ab}=0$）と仮定して、アインシュタイン方程式③を解くと、次の解が得られる。

$$ds^2=-\frac{\Delta}{\Sigma}\left[c\,dt-a\sin^2\theta\,d\phi\right]^2+\frac{\sin^2\theta}{\Sigma}\left[(r^2+a^2)\,d\phi-a\,c\,dt\right]^2+\frac{\Sigma}{\Delta}dr^2+\Sigma\,d\theta^2 \qquad ⑤$$

ただし、$\Delta=r^2-2mr+a^2$, $\Sigma=r^2+a^2\cos^2\theta$。

この解には2つのパラメータmとaがあり、mは$m=GM/c^2$として**質量**に対応し、aは角運動量Jと$a=J/(Mc)$として対応するので、**回転**を表すパラメータである。

$\Delta=0$となるところ、すなわち$r=m\pm\sqrt{m^2-a^2}$の面は特異である。外側の$r_+=m+\sqrt{m^2-a^2}$が事象の地平面になる。ロイ・カーによって1963年に報告された。ブラックホール唯一性定理（第5章で紹介）によって、現実の宇宙に存在するブラックホールはすべて、このカー解によって表される。

にすぐに掲載されました[参12]。宇宙に存在する天体は、ほとんどが自転しています。自転している天体の厳密解が得られたことは、一般相対性理論研究に現実的な応用の道を開くことになりました。

カーの得た解は、ブラックホールの1つであることが、1年後にカーターによって明らかにされました。事象の地平面は2つあり、遠方から観測すると、外側の事象の地平面がブラックホールの境界面になります。また、中心部分にはリング状の特異点が存在します。自転によって全体の形状は平べったく変形しています（図2－4）。

のちには、ホーキングやカーター、ロビンソンらによって、回転しているブラックホール解はカー解に限られることが数学的に証明され（ブラックホールの唯一性定理➡5－3節）、カー解の重要性が確固としたものになりました。

カー解が発見されるまでは、「自転の効果を考えれば遠心力がはたらいて、永久に潰れていくようなブラックホール形成は回避できるかもしれない」と期待する研究者もいましたが、その予見は打ち砕かれました。ブラックホールは、数式としても、現実の宇宙にも確実に存在し、私たちはアインシュタイン方程式がみずから破綻を招く特異点形成をなんとかしなければならないことが確実になったのです。

２-３ 膨張宇宙の解

アインシュタイン方程式が応用される現象として、ブラックホールの次に、宇宙全体がどのようになっているのかについて、見ていきましょう。

宇宙項の導入

１９１５年、一般相対性理論を導いたアインシュタインは、オランダのライデンを訪問した際、天文学者ド・ジッター（１８７２〜１９３４）と議論するうち、みずからの方程式を使えば宇宙全体の構造を表現できることに気がつきます。そして応用してみると、驚くべきことに、宇宙全体が膨張したり収縮したりするダイナミックな解が出てきてしまいました。

彼は大いに困惑します。宇宙全体は、過去も未来も、永劫不変なものと信じていたからです。おそらくすべての人が、この時代、そう信じていたことでしょう。当時の天文学者は、太陽系が天の川銀河の中心にあるかどうかについて議論していました。天体までの距離を測定する方法はまだ確立しておらず、アンドロメダ銀河までの距離が65万光年か100万光年かで議論していました（現在では250万光年前後とされています）。

天体の運動を万有引力の存在で説明したニュートンは、宇宙のあらゆる星が万有引力で引き合っているならば、宇宙が不安定になることに気づいていました。一部の星が何らかの原因で近づきはじめると、その他の星たちもバランスをくずし、動きはじめてしまうはずです。そうならないためには、宇宙は無限に広がっていて、かつ初めからきちんとバランスがとれた状態である必要が生じますが、そのようなことが可能であるとも思えません。宇宙全体のモデルは謎を抱えていました。

1917年にアインシュタインが発表した『宇宙論的考察』と題された論文では、冒頭で、ニュートンの宇宙モデルの問題点を挙げています。普通は、無限遠での位置エネルギーをゼロとしますが、宇宙全体に星が一様に分布しているのなら、この仮定は矛盾する、と指摘します。

そこでアインシュタインは、「宇宙項」を導入します。宇宙全体にまんべんなく物質が存在していて、しかも重力の作用で宇宙が不安定になる謎を解決するためには、万有引力を相殺する力が必要になります。アインシュタインは、「定数の自由度が重力場の方程式（➡49ページ 数式2）に抜けていた」として方程式を修正し、宇宙項を入れることを提案したのです（➡数式7）。

宇宙項（宇宙定数）の導入は、いわば「万有斥力」を導入したことと同じです。アインシュタ

数式 7

宇宙項入りのアインシュタイン方程式

アインシュタインは、静的な宇宙の解を出すため、万有引力に対抗する万有斥力の項として、宇宙項（Λg_{ab}, Λ は宇宙定数）を含めた重力場の方程式を提案した。

$$\underbrace{R_{ab}-\frac{1}{2}g_{ab}R}_{\text{時空の歪み}}+\underbrace{\Lambda g_{ab}}_{\text{宇宙項}}=\frac{8\pi G}{c^4}\underbrace{T_{ab}}_{\text{物質の分布}} \quad ⑥$$

のちに宇宙膨張が観測されるとこの提案を撤回したが、現代宇宙論では、インフレーション膨張期や高次元膜宇宙を考える際に、この宇宙項を用いたモデルが議論される。

インは論文で、この項は、太陽系では無視できるほど小さいが（そうしないと水星の近日点移動の説明と矛盾してしまう）、宇宙全体では大きな力となる、と説明しました。そして宇宙項があれば、宇宙全体は有限な大きさの空間になる（閉じた宇宙という）ので、無限遠まで広がる宇宙の境界条件を心配することもなくなる、と述べました。

アインシュタイン自身は、これで論理的矛盾のない宇宙モデルができたと考えました（そう論文で断言しつつも「天文学的に根拠があるかどうかは検討しない」ともコメントしています）。そして１９１９年には、この宇宙項が、重力場の方程式の積分定数として理論に登場しうることにも気づき、満足しました。

少し考えればわかることですが、たとえ万有斥力を導入したとしても、その大きさが、ぴたりと万有引力と相殺しあわないかぎり、力のバランスがくずれ、宇宙は膨張や収縮をはじめてしまいます。アインシュタインが持ち込んだ宇宙項は、微妙な条件のもとで、なんとか一定の宇宙をつくるメカニズムとして提案されたにすぎず、一般には通用しない「小細工」だったといえるでしょう。

アインシュタインと議論したド・ジッターは、宇宙項を批判しましたが、これを世界物質（world matter）と呼び、もし宇宙が宇宙項だけでみたされていたらどうなるかを考えました。この解は、見かけ上は定常な時空を表していましたが、のちに、ランチョス（1893～1977）によって、指数関数的に膨張する解としても記述できることが示されます（1922年）。真空で宇宙項が存在するアインシュタイン方程式の解は、「ド・ジッター解」と呼ばれることになります。

膨張する宇宙の解

宇宙全体を議論するとき、私たちは出発点として**宇宙原理**（cosmological principle）と呼ばれる簡単な仮定からスタートします。これは、「私たちは宇宙の中で特別な位置にいるわけではな

い（人間が宇宙の中心にいるわけではない）」とする考えです。宇宙原理をより数学的に表現すると、

宇宙原理

宇宙は巨視的なスケールでは空間的に一様・等方である。
すなわち宇宙空間のすべての点は本質的に同等である。

となります。**一様**（homogeneous）とは宇宙構造に凸凹《でこぼこ》がないこと、**等方**（isotropic）とはどの方向を向いても同じ構造であることを意味します。実際の宇宙には星があり銀河があり銀河団がありますが、それらを無視して、ひとまずは一様として考えることからはじめようという考えです。空気には窒素分子や酸素分子がありますが、それらの細かな構造を無視して均一なものでみたされている、と考えることと同じです。

ここまではアインシュタインもド・ジッターも、真空宇宙の解を求めた議論でした。では物質を入れて考えるとどうなるでしょうか。

フリードマン（1888〜1925）は、一般相対性理論（宇宙項なし）を用いて、「宇宙全体が1種類の物質でみたされている」とした宇宙モデルを発表しました（1922年・24年）。はじめに得た解は、閉じた宇宙でありながら膨張する宇宙の解で、この解は膨張後、収縮に転じるふるまいを示していました。続いて得た解は、負の曲率をもつ場合に無限に広がっていく解でした。ここで、正の曲率・負の曲率とは、それぞれ図1－13（44ページ）で比較した地球儀の表面・馬の鞍の表面に対応する曲率を意味します[注4]。

読者の中には、なぜ重力は引力なのに、膨張する宇宙の解が得られるのか、不思議に思われる方がいるかもしれません。これは、ボールを空に向かって投げることと同じと考えればよいでしょう。投げ上げられたボールは、いずれ重力の作用で速度を落とし、最高点に到達したあとに落下してくるかもしれません。ボールを打ち出す速さが大きければ、ボールは高くまで上がります。十分に初速度が大きければ、ボールは地球の重力圏を脱出することもできます（地球の重力圏を脱出する初速度は、第二宇宙速度と呼ばれる秒速11㎞です）。つまり、たとえ引力である重力が作用している空間であっても、ボールがどこまで高く上がるかは初期条件で決まり、場合によっては永久に高く上がることもあるのです。宇宙の

注4　平面で喩えるなら、ある点を中心にコンパスで半径 r の円を描いたとき、円周の長さが $2\pi r$ であれば平らな空間（曲率ゼロ）、円周の長さが $2\pi r$ より小さければ閉じた空間（正の曲率）、逆に $2\pi r$ より大きければ開いた空間（負の曲率）となります。

始まりに、大きな初速度で膨張が始まれば、宇宙は永久に膨張することになります。初速度が足りなければ、宇宙は途中で収縮に転じることになるのです。

フリードマンはチフスを患って早々に亡くなってしまったため、彼の先駆的な仕事は、しばらく世間に知られませんでした。1927年になって、まったく同じ解をルメートル（1894〜1966）が見出し、フリードマンの業績を再発見することになります。しばらくあとになって（1935年）、アメリカのロバートソン（1903〜1961）とウォーカー（1909〜2001）が独立に、数学的に厳密な形で宇宙原理を定義し、フリードマン・ルメートル型の宇宙モデルは、一様・等方なモデルとして一般的なものであることが示されました。今日ではこれらの業績をまとめて、「フリードマン・ルメートル・ロバートソン・ウォーカー（FLRW）宇宙モデル」（以下は「フリードマン解」とする）と呼びます（➡88ページ数式8）。

フリードマン解は、宇宙を表す標準モデルです。宇宙全体の大きさが時間とともにどう変化していくかは、曲率の正・負・ゼロおよび宇宙項の有・無によって違いが生じます。宇宙の大きさは方程式上では比率でしか表せないため、ある時刻の宇宙に対して何倍の大きさの宇宙になるのか、というスケールファクター $a(t)$ で表されることになります。

代表的なスケールファクターのふるまいを図2-5に示します。この図には4つのモデルが記入されています。曲率の正負によって、あるいは宇宙項の有無によって、宇宙膨張のしかたが変

数式 8

フリードマン解（膨張宇宙解、FLRW解）

時空が一様（どこでも同じ）で等方（どの向きも同じ）であり、さらに1種類の流体物質でみたされているとして、アインシュタイン方程式③を解くと、球座標（t, r, θ, φ）を用いて、次の解が得られる。

$$ds^2 = -c^2dt^2 + a(t)^2\left(\frac{dr^2}{1-kr^2} + r^2d\Omega^2\right). \qquad ⑦$$

ここで、$d\Omega = d\theta^2 + \sin^2\theta\, d\varphi^2$ であり、$k = 0, \pm 1$ は空間全体の曲率を表すパラメータである。（$k = 0$ が平坦な宇宙、$k = +1$ が閉じた宇宙、$k = -1$ が開いた宇宙）。$a(t)$ はスケールファクターと呼ばれ、空間の大きさが時間 t で変化する様子を表す。

フリードマン、ルメートル、ロバートソン、ウォーカーらによって独立に発見され、FLRW 解とも呼ばれる。

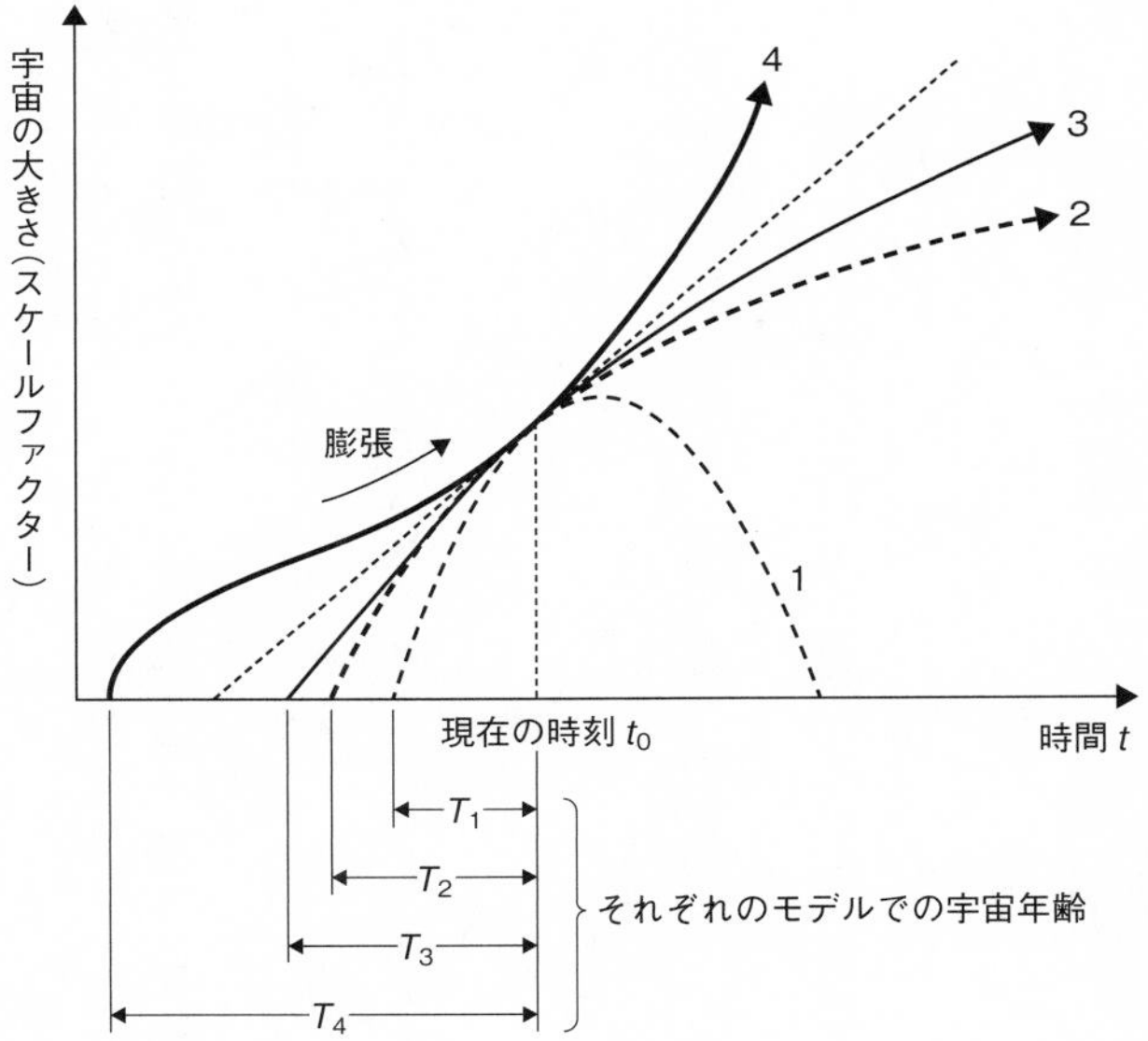

図2-5　フリードマン解が描く宇宙膨張の時間変化

横軸は時間、縦軸は宇宙の大きさ（スケールファクター）を示す。時空の曲率と宇宙項の有無によってふるまいが異なる。４つの線は次のモデルに対応する。
１：閉じた宇宙（曲率が正）で宇宙項なし（Λ＝０）
２：平坦な宇宙（曲率が０）で宇宙項なし（Λ＝０）
３：開いた宇宙（曲率が負）で宇宙項なし（Λ＝０）
４：平坦な宇宙（曲率が０）で宇宙項あり（Λ＞０）
現在の宇宙は膨張しているので、現在の時刻を t_0 とする。宇宙モデルをどれと考えるかで、宇宙の始まりまでの時間（宇宙年齢）T_1, … ,T_4 が決まる。最新の観測によれば、現在の宇宙は加速膨張しているので図中の４に近いようだ

わっているのがわかることでしょう。1の閉じた宇宙の場合は、膨張している宇宙はしだいに膨張速度がゆっくりとなり、やがて収縮に転じることがわかります。それ以外のモデルでは宇宙は永遠に膨張を続けてゆきます。これらのグラフを描くもとになった方程式を次ページ（数式）9に示します。

フリードマン解では、パラメータのとり方によって宇宙膨張の程度がどのくらいか、宇宙の将来がどのようになるかの運命は変わりますが、時間とともに膨張あるいは収縮する解であることには変わりはありません。

このように膨張宇宙の解が数学的に導出されていても、アインシュタインは静的で未来永劫不変な宇宙にこだわりました。アインシュタインはルメートルに対し、「あなたの計算は正しいが、（こんな解を信じるなんて）あなたの物理的センスは言語道断だ」とまで非難したといわれています。

しかし、やがて決定的な事実が報告され、アインシュタインの考えが間違っていることが判明します。宇宙膨張の発見です。

数式 9
フリードマン方程式

FLRW 解（数式8）をアインシュタイン方程式に代入すると、スケールファクター $a(t)$ がどのようにふるまうかを決める運動方程式が出てくる。宇宙膨張を決める方程式である。宇宙項を入れた場合の式を書くと次のようになる。

$$\left(\frac{1}{a}\frac{da}{dt}\right)^2 + \frac{k}{a^2} = \frac{8\pi G}{3}\rho + \frac{\Lambda}{3},$$

$$\frac{2}{a}\frac{d^2a}{dt^2} + \left(\frac{1}{a}\frac{da}{dt}\right)^2 + \frac{k}{a^2} = -8\pi Gp + \Lambda.$$

ここで、ρ と p は、宇宙をみたしている物質の密度と圧力である。ρ と p の関係式（状態方程式という）を決めれば、この２本の微分方程式を解いて、宇宙がどのように膨張するかが決まることになる（図 2-5）。

この式の各項から、宇宙モデルに使われる

ハッブル定数　$H_0 \equiv \frac{1}{a}\frac{da}{dt}$

密度パラメータ　$\Omega \equiv \frac{\rho}{3H_0^2/8\pi G}$

宇宙項パラメータ　$\lambda \equiv \frac{\Lambda}{3H_0^2}$

などが定義される。

宇宙膨張の発見

つい最近まで広く知られていませんでしたが、ルメートルは1927年に、「銀河の後退速度は宇宙膨張によるものだ」という論文をフランス語で出版しました[参13]。宇宙がフリードマン解にしたがって膨張しているのならば、遠方の銀河ほど速く遠ざかっていくように観測される、という主張です（➡次ページ数式10）。

一方、ハッブル（1889〜1953）は、我々の銀河の外にもたくさんの銀河があることを発見した天文学者です。星までの距離を測るのは難しい作業ですが、ハッブルは銀河の中に、セファイド変光星（周期的に明るさを変える典型的な変光星）を探し、それぞれの銀河までの距離を特定する作業を続けました。24個の銀河について距離を測定したところ、ハッブルは、遠くの銀河にある変光星ほど、赤っぽく見えていることに気がつきます。変光星のしくみはどこでも同じと考えれば、光が赤方偏移しているのは、ドップラー効果と考えられます。「遠くの銀河ほど速く我々から遠ざかっている」ことになるのです。

こうして、宇宙全体が膨張しているという証拠が観測的に明らかにされました。長い間、ルメートルの業績は忘れ去られていて、数式10の⑧式は「ハッブルの法則」と称されていましたが、2018年に国際天文学連合は「ハッブル・ルメートルの法則」と呼び直すことを決めました。

数式 10
ハッブル・ルメートルの法則

銀河の後退速度は、宇宙膨張が原因である、とする法則である。フリードマン宇宙モデルで、簡単のために曲率を $k=0$ とすると、2つの銀河間の距離 D は、座標距離を Δr として

$$D=a(t)\,\Delta r$$

と書ける。$a(t)$ はスケールファクターである。宇宙が膨張していると、2つの銀河の相対速度 V は、この式を微分して

$$V=\frac{dD}{dt}=\frac{da}{dt}\Delta r=\left(\frac{1}{a}\frac{da}{dt}\right)D\equiv H_0D \qquad ⑧$$

となる。ここで、H_0 は**ハッブル定数**と呼ばれる定数であり、遠方にある銀河ほど、H_0 に比例して後退速度が大きくなることを示している。

現在、観測から報告されているハッブル定数は、

$$H_0\sim 72\,(\mathrm{km/s})/\mathrm{Mpc}$$

である。Mpc はメガ・パーセクと読み、1pc は 3.26 光年である。ハッブル定数の逆数がおおよその宇宙年齢で、約 138 億年になる。

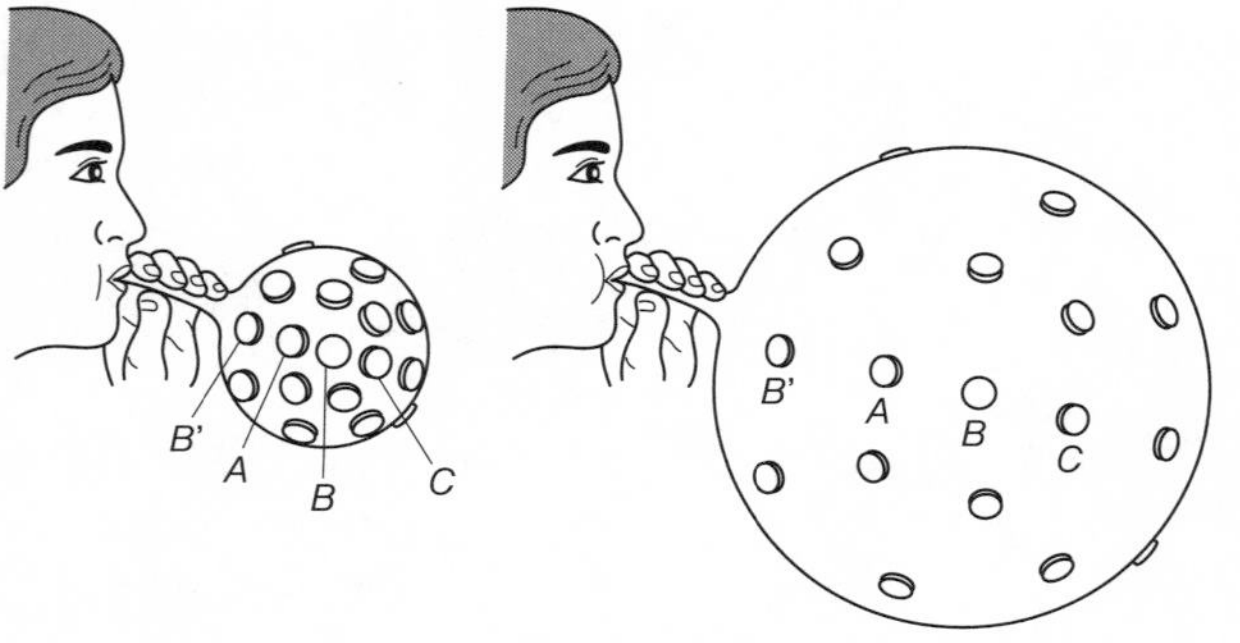

図 2-6　ハッブル・ルメートルの法則
遠方の銀河ほど速く遠ざかっているというハッブル・ルメートルの法則は、我々が宇宙の中心にいることを意味するわけではない

ハッブルが報告した値は、$H_0 = 530$km/s/Mpcで[参14]、現在観測されている値よりも7倍以上も大きいものでした。当時はまだ変光星に異なる2つの種類があることが理解されていなかったことと、ハッブルが明るい星と考えたものが実は電離水素領域にあって実際の星よりも明るく見えていたことが原因です。

ハッブル・ルメートルの法則は、宇宙が膨張していることを示しますが、我々が宇宙の中心にいることを意味するわけではありません。銀河をたくさん描いた風船を想像してください（図2－6）。風船が膨らめば、すべての銀河間の距離も大きくなり、遠方の銀河ほど離れていく速度が速くなります。つまり、宇宙のどこにいても、銀河の後退速度は遠くにいくほど大きくなるのです。決して、観測者が宇宙の中心にいる必要はありません。

宇宙膨張が発見されると、フリードマンらの宇宙モデルが現実的なものになります。さすがに、アインシュタインもみずからの考えを改めざるをえなくなりました。後年アインシュタインは、「宇宙項の導入はわが人生最大の過ち（the biggest blunder）であった」とガモフ（１９０４〜１９６８）に語った[参15]と伝えられています。

宇宙マイクロ波背景放射の発見

宇宙が本当に膨張しているとすれば、過去には宇宙全体が1つの点から始まったことになります。１９４６年、原子核物理を研究していたガモフは、宇宙が高温・高密度の火の玉ではじまり、短時間で元素が合成されていった、という理論を発表します。さらに、１９４８年には、高温・高密度の宇宙初期に起こる核反応で、すべての元素がつくられるという具体的なシナリオを発表しました。ガモフはこれを「火の玉宇宙モデル」と命名します。

ただし、その後の研究によって、すべての元素が宇宙初期に合成されるわけではないことがわかってきました。１９５０年には、林忠四郎（１９２０〜２０１０）が宇宙初期の元素合成を支配する陽子と中性子の個数比を、素粒子論にもとづいて導出しています。元素は軽いものから順に、水素・ヘリウム・リチウム・ベリリウム……と合成されていきますが、宇宙膨張のため宇宙の温度が下がり、それ以降の核反応が生じず、元素合成が止まるようです。宇宙初期の元素合成は、宇宙誕生後3分で終了することがわかっています。

ガモフの火の玉宇宙モデルは、素直に受け入れられたわけではありませんでした。当時知られていた宇宙膨張のデータから推定される宇宙年齢（18億年）よりも、地球の岩石から示される地球年齢（30億年）のほうが長く、矛盾が明らかだったからです。そして、多くの物理学者が、ホイル（１９１５～２００１）らの提唱する定常宇宙論を支持していました。ホイルらは、「宇宙は膨張しているが、遠方の銀河では新たに物質が生まれていて、宇宙全体の構造は時間変化しない」とする説を主張し、宇宙には始まりも終わりもない、とすることで物理としての理論的破綻は守られ、宇宙年齢の問題も生じない、と考えていました。

ホイルはラジオ番組に出演したとき、ガモフの火の玉宇宙モデルを揶揄《やゆ》して、「彼らはビッグバン（大きく爆発した）とか言っている」と発言します。この話を伝え聞いたガモフは、いい名前だと喜び、みずからのモデルを「ビッグバン宇宙モデル」と改名しました。

１９６０年代になるまでに、銀河の距離測定が改善され、ハッブル定数は100km/s/Mpcと報告されるようになりました。これによって、宇宙年齢は約１００億年となり、地球の岩石年代測定との矛盾はなくなりました。

定常宇宙とビッグバン宇宙、この2つの宇宙モデルのどちらが正しいかを判定するのは、宇宙に高温・高密度の状態が過去に存在したかどうかを確かめる観測です。かつて宇宙が高温・高密度だったなら、「黒体放射」（黒体輻射）と呼ばれる名残が、宇宙全体をただよう電波として観測されるはずです。ビッグバン理論は、この**宇宙マイクロ波背景放射**（cosmic microwave background; 以下ではCMBと記します）の存在を予言します。定常宇宙論では、このような背景放射は存在しません。

ＣＭＢは１９６４年、偶然に発見されました。ベル研究所に所属し、大西洋をまたぐ電波による通信技術を開発していたペンジアス（１９３３〜）とウィルソン（１９３６〜）は、「どうしても消えないノイズが存在する」ことを近くのプリンストン大学で報告したのです。ふたりは、方向によらず、時刻によらず、季節によらず、電波につねに存在する雑音に悩まされていました。彼らは装置についた鳩の糞が原因とも考えて、その除去にも時間を割いていました（のちに出版された論文には、白い誘電物質も除去したと記載されています）。この話を聞いて驚いたのは、プリンストン大学で天文学を研究していたディッケ（１９１６〜１９９７）とピーブルズ（１９３５〜）です。彼らはＣＭＢの存在を予言し、その観測を行おうと、まさに電波望遠鏡を準備していたところだったのです。

こうして、ペンジアスとウィルソンの実験結果の論文と、ディッケとピーブルズによる「この発見は、ＣＭＢである」という理論的サポートの論文が、同時に米国天文学会誌に掲載されることになりました[参16]。ペンジアスとウィルソンは、１９７８年にノーベル物理学賞を受賞します。ピーブルズは宇宙論に対する理論的貢献で、２０１９年に同賞を受賞しました。

宇宙には、はじまりがあって、過去をさかのぼれば火の玉であった、とするビッグバン宇宙モデルは、（１）ハッブルとルメートルによる宇宙膨張の発見、（２）ＣＭＢの発見、（３）元素合成モデルで予言された通りの宇宙の構成元素比の観測、の３つによって確かなものとなりました。そして、人工衛星を用いた観測によって、私たちの宇宙は、温度で2.735K（＝－270℃）に相当する電磁波（ＣＭＢ）でみたされていることがわかっています。このＣＭＢは理想的といえるほど一様・等方に観測されますが、くわしい観測では、10万分の1程度の温度ゆらぎをもっていることもわかっています。

ＣＭＢが一様・等方であることは、ビッグバンが起こる直前に宇宙が急激に膨張して、同じ温度になったことを示唆します。これは**インフレーション膨張**（真空の相転移現象）と呼ばれています。また、ＣＭＢに見られるわずかなゆらぎは、宇宙に星が誕生するきっかけを与えます。これにより、星の誕生が繰り返され、やがて銀河系を形成し、銀河団ができていった、とする構造形成モデルが説明されるようになりました。

現在の宇宙の観測結果は、フリードマン宇宙モデルでたった6つのパラメータを特定することで、説明できることが知られています。この成果は「20世紀の物理学の最大の勝利」とも称されます。宇宙が１３８億年前に何らかのメカニズムで誕生し、インフレーション膨張を経て、高温高圧の火の玉（ビッグバン）として膨張をはじめたことは確かなものと考えられていて、大筋の宇宙の歴史に異論を唱える研究者はいません。

ただし、宇宙誕生の最初の瞬間は、まだ解明されていません。一般相対性理論によると（フリードマン宇宙モデルによると）宇宙は体積がゼロの状態から始まったことになります。これは密度が無限大の状態に相当するので、計算が不可能な特異点です。しかし現実には宇宙が存在するわけですから、何らかの解決方法があるはずです。おそらく私たちが、宇宙初期を記述する物理学（量子重力理論：相対性理論と量子論を融合した理論）を手中にしていないことがネックになっていると考えられます。

本章で見てきたブラックホールの解も、膨張宇宙の解も、どこかに特異点が含まれているものでした。アインシュタイン方程式の解には、何らかの形で特異点が含まれることが知られています。次の章では、「ブラックホール時空を考えるかぎり、時空の対称性をどう仮定するかに関係なく、特異点が存在しなければならない」というペンローズの特異点定理を説明していきましょう。

コラム　相対性理論のもう1つの結論「重力波」

一般相対性理論が予言する現象には、ブラックホールや膨張宇宙の他に、時空の歪みが宇宙空間を波として伝わる重力波（gravitational wave）があります。質量があると時空に歪みが生じ、質量を持つものが加速運動することで時空の歪みが波となって、エネルギーを持ち去る現象が起きるのです。原理的には人間が手を動かしても発生しますが、振幅が小さすぎてとても観測できません。ブラックホールや中性子星が合体するような天体現象が起きて初めて重力波が観測できることになります。

しかし、宇宙の長い距離を伝わる重力波は、進んだ距離に反比例して振幅が小さくなります。ですから現実に観測される重力波の典型的な振幅は、10のマイナス22乗程度となります。これは、太陽と地球の間の距離に対して、原子1つ分の揺れが生じることに相当します。アインシュタインは1917年には、電磁波との類推から重力波の存在を予言していました。しかし、振幅があまりにも小さいために、観測することは不可能だと考えてもいました。

重力波の観測をめざして、巨大なレーザー干渉計の建設が１９９０年代に始まりました。コンピュータのシミュレーションも進み、連星ブラックホールや連星中性子星の合体で生じる重力波の計算もできるようになりました。日本では東京・三鷹市の国立天文台にＴＡＭＡ《たま》３００を建設し、観測経験を積みました。アメリカとヨーロッパは２０００年代に、腕の長さがそれぞれ４km、３kmの干渉計の稼働を始めました。

２０１５年９月14日、アメリカの重力波レーザー干渉計ＬＩＧＯの天文台が、初めて重力波（ＧＷ１５０９１４）を観測しました。13億光年先での連星ブラックホールの合体現象によって生じた重力波が、０・２秒間通過したものでした。

２０１７年８月17日、ＬＩＧＯと欧州のＶｉｒｇｏは連星中性子星の合体で生じた重力波（ＧＷ１７０８１７）を初めて観測しました。その直後から可視光線・赤外線・ガンマ線・Ｘ線などでのフォローアップ観測が行われ、マルチメッセンジャー天文学がスタートした、とのちに表現されるようになりました。重力波源となった天体が特定され、スペクトルの観測から、鉄よりも重い元素合成が進んだことが明らかになりました。

日本は２０１１年に、岐阜県の神岡町で３kmの腕をもつレーザー干渉計ＫＡＧＲＡの建設を始めます。地面振動を抑えるため、岩盤の硬い山の表面から２００ｍ以上の地下にトンネルを掘って望遠鏡を設置し、熱振動を抑えるためにマイナス２５０度まで鏡を冷やすことができる次世代技術をもった観測装置です。ＫＡＧＲＡは14の国と地域から４００人の研究者が集まる国際共同プロジェクトとなっていて、２０２０年２月から米欧と共同観測を始めました。残念ながら新型コロナウイルスの感染拡大によって米欧は観測を早期中止にしたため、重力波の実検出はおあずけとなりましたが、２０２０年４月にドイツのＧＥＯ６００と共同観測し、ガンマ線バースト現象が起きた天体までの距離の下限を示す論文を出版しています。ＬＩＧＯ－Ｖｉｒｇｏ－ＫＡＧＲＡのグループの次の共同観測は２０２３年初夏から開始の予定です。

これまでに重力波観測は、O1, O2, O3a/bと名づけられた観測が行われ、O3bまでに90例が報告されています。データは公開され[注5]、誰でも再解析できる状態になっています。また、主要な論文には日本語解説も用意されています[注6]ので、ご興味あればご覧ください。

検出された重力波イベントのほとんどは、連星ブラックホールの合体によるものです。最も大きな質量としては合体して太陽質量の１５０倍になるもの（ＧＷ１９０５２１）もあり、恒星質量ブラックホールと超巨大ブラックホールの中間にある中間質量ブラックホールの初観測として注目を集めています。連星中性子星合体はさらに1例報告されましたが、重力波源の特定には至っていません。ブラックホールの質量分布もわかってきましたが、いまだに不明な謎もあります。たとえば、理論上はありえない、太陽質量の3倍から5倍の質量をもつ天体の存在です。中性子星にしては重すぎ、ブラックホールにしては軽すぎる領域なので、その正体が謎になっています。連星の進化やブラックホール起源の研究も盛んに行われるようになってきました。重力波観測は、「観測すること」が目的だった時代から、「観測データを用いた天文学」へ進展を遂げつつあります。

注 5　https://www.gw-openscience.org
注 6　https://www.ligo.org/science/outreach.php

第3章 特異点定理

普通の物質がみたすエネルギー条件を考えるだけで、重力崩壊によって特異点発生が証明できてしまうことは、それまでの研究の流れを大きく変えました。一般相対性理論が導き出す結論が、一般相対性理論を破綻させる特異点を含有している、という事実は、とても奇妙です。(本文より)

前章までで、一般相対性理論（アインシュタイン方程式）は複雑すぎて、球対称あるいは軸対称といった時空の対称性を仮定したり、真空や単純な物質分布を仮定したりしないと到底解くことができないことを説明しました。そして、このような仮定から得られた解は、球対称で静的なブラックホールを表すシュヴァルツシルト解であったり、一様等方宇宙を表すフリードマン宇宙モデルであることも説明しました。どちらの解にも、時空の曲率が発散してしまう特異点がありました。この特異点の存在は、物理を考えるうえでとても厄介なことです。ひとたび特異点が出現すると、そこから先の未来が計算不可能になってしまうからです。

1960年代前半までは、こうした特異点の出現は、方程式を解くときに仮定した時空の対称性に起因するのではないか、という議論がされていました。現実には特異点は発現しないのではないか、という期待がありました。その論争に終止符を打ったのが、ペンローズによる特異点定理です。ペンローズは、時空の対称性を仮定しなくても、特異点は一般的に発生することを数学的に証明しました。そしてその後、すぐに、ホーキング（1942~2018）とともに宇宙初期の特異点の存在についても定理を発表しています。ペンローズの特異点に関する研究に対しては、2020年にノーベル物理学賞が贈られました。

本章ではいよいよ、この特異点定理の山に登っていきましょう。

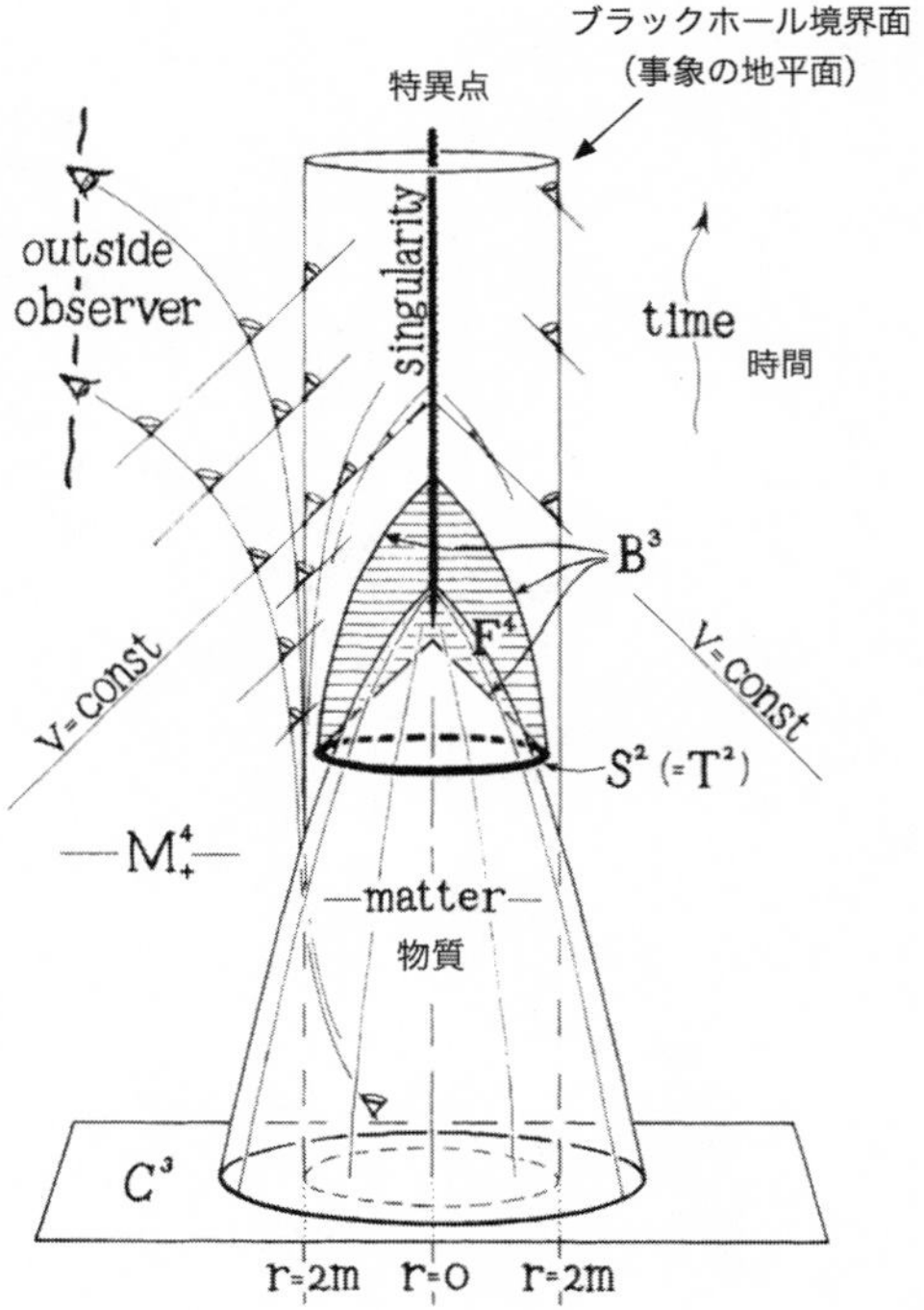

図3-1　ペンローズが描いたブラックホール形成の図
横の広がりが空間（2次元で表している）、縦方向の上向きに時間の進みを表す。物質が重力崩壊して潰れ、光（円錐で描かれているのが光の広がり方を示す）が遠方へ到達しない領域が出現する。中心では特異点が発生するが、それはブラックホール境界面の内側にある（参17の図を筆者が加工）

ペンローズは、星が重力崩壊してブラックホールになる過程に注目しました。星が潰れていく時空の各点からどのように光が進んでいくのかを考えたのです。図３－１は、ペンローズが１９６５年に発表した論文に描いた図です。図の横方向は空間軸（本来は３次元空間ですが２次元平面にしています）、縦方向は時間軸を表していて上向きは時間が進む未来向きです。ところどころに、（第１章の図１－12で説明した）光円錐が描かれています。時空の各点から光がどのように広がって進むかを示している面です。

この図には、本章でこれから説明することになるブラックホールの定義（光円錐が外側に広がっていかない領域）や、特異点の形成（ブラックホールの中心）などが描かれています。このような現象が、普遍的な重力崩壊の姿だ、と結論するのが特異点定理なのです。

それでは、特異点を考えるうえで必要となる用語の定義から始めましょう。

3-1 特異点を定義する

「特異点」という言葉のイメージ

ブラックホールの内部には、時空特異点が発生します。その話に入る前に、「特異点」という言葉についての数学的なイメージを持っておきましょう。

数学用語の**特異点**（singularity）は、広く使われる概念です。一言でいうと、「一般的な場合に対して、異常な形態を示すところ」を意味します。たとえば関数・写像、曲線や曲面、あるいは微分方程式など、いろいろな分野で登場します。「臨界点」という言葉が使われることもあります。

関数とは、入力する値 x に対して、出力する値 $y = f(x)$ を対応させる箱です（古くは函数と表記していました）。$f(x) = 2x + 3$ という対応ならば、x に比例した y の値になるので1次関数（線形関数）と呼ばれます。$f(x) = 4x^2 + 5x + 6$ と対応するならば、x の2乗によって y が決まるので、2次関数と呼びます。これらの関数は、ある x の値を入力した場合（たとえば $x = 3.00$）と、それに近い値を入力したとき（たとえば $x = 3.01$）、出力される値 y も近い値になります。そして x を連続的に変化させれば、出力される y も連続的に変化します（図3－2(a)）。

これに対して、たとえば郵便料金を示す関数を考えてみましょう。定型外郵便物の送料は、50g以内なら120円、100g以内なら140円、150g以内なら210円などと定められて

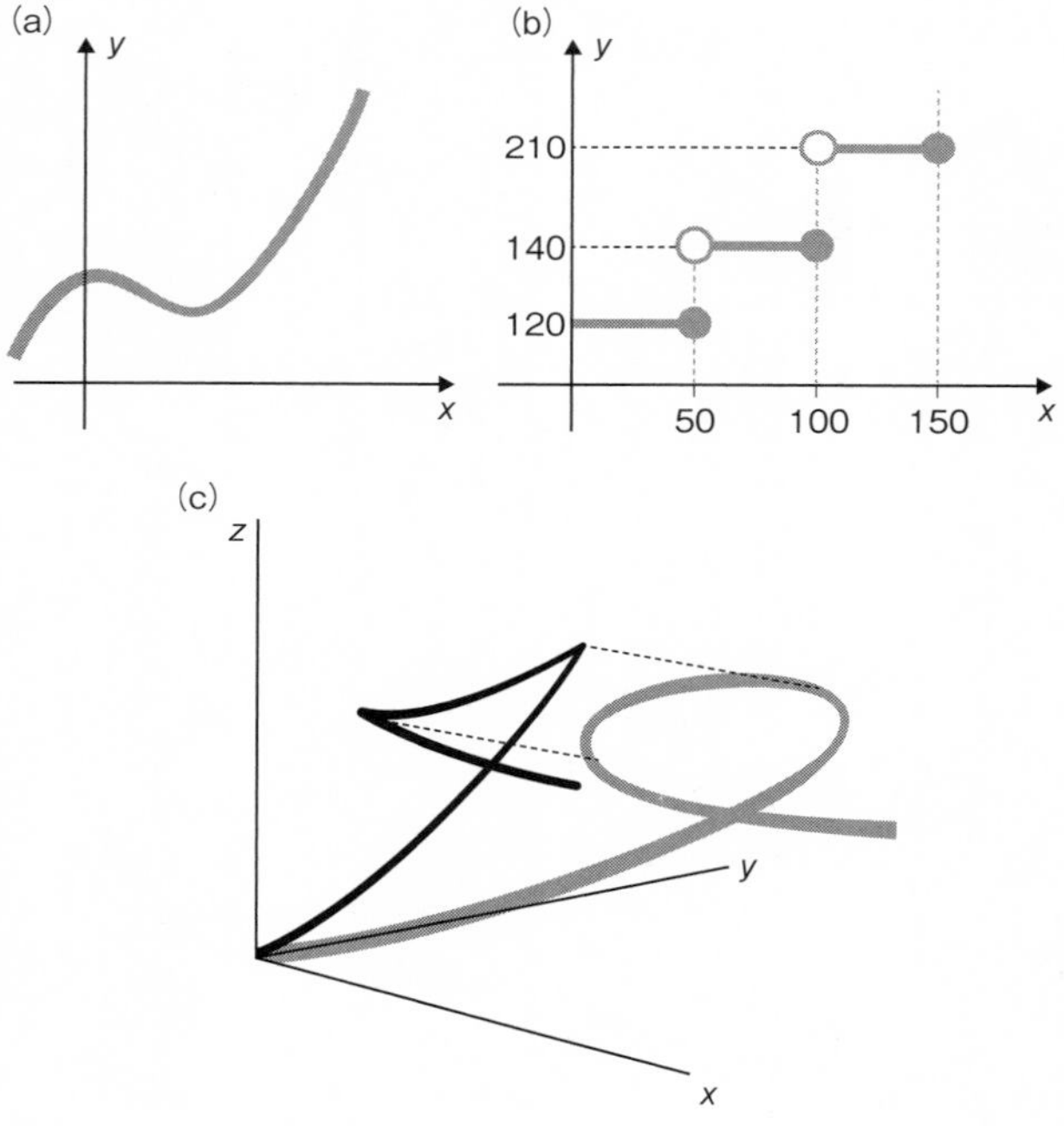

図3-2　数学的な特異点のイメージ

(a) は連続関数だが、(b) は x の値によっては不連続である。(c) は xyz 空間内の曲線の影を yz 平面に射影したもの。もとがなめらかな曲線であっても、射影されたものはなめらかに見えないことがあるいます。この決め方では50ｇを少しでも超えたとたんに料金が上がります。郵便物の重さをx、料金をyとするならば、これは不連続な関数になります（図３－２ⓑ）。このような不連続となる点を、特異点と表現することができます。また、$f(x)=1/x$という関数があったとすると、$x=0$の点ではゼロで割る「ゼロ割り」の計算となってしまうので、この関数は$x=0$では特例として、定義されません。この場合も特異点といえます。

つまり、関数の特異点とは、連続でない、定義されていない点がある、なめらかにつながっていない（微分できない）点が存在する、などの問題が生じている箇所のことです。

しかし、特異点かどうかを見かけで判断してはいけません。たとえば、遊園地にあるジェットコースターの軌道は、始点から終点まで交わることなく、なめらかにつながっています。ところが夕日に照らされたジェットコースターの軌道の影をみると、影の何本かが途中で交わっていたり、角度によっては影が尖って見えたりする場所もあります（図３－２ⓒ）。影だけを見て、これらの箇所が特異点だと断定することは危険です。そのために、特異点と思われる付近を拡大したり、高次元から眺めるなどして解析する必要があります。

測地線

平面上で２つの点を結ぶとき、最短距離となるのは直線です。この考えを広げて、曲面上で２

つの点を最短距離で結ぶ線を**測地線**（geodesic）といいます。たとえば地球儀の上で、東京からシカゴまでの最短ルートを考えると「大円」（東京とシカゴと地球中心を通る平面と地球表面の交わりとなる円）の一部になります。このようなルートが測地線です。

この「最短ルートで到達する」という考えを使うと、物理法則が得られることが知られています。これを**最小作用の原理**といいます注1。たとえば、光が空気中から水中へ進むと屈折現象が起きます。屈折の法則として、空気中に比べて水中で光がどれだけ進みにくいかを表す屈折率 n を導入して、光の入射角 θ_1 と屈折角 θ_2 の間には

$$\frac{\sin\theta_1}{\sin\theta_2}=n$$

の関係がある、というのが教科書に書いてある光の屈折の公式です（図3-3(a)）。しかし、どうしてこのような関係になるのでしょうか。その説明をするのが、光の経路に最小作用をあてはめたフェルマーの原理です。すなわち、「光の経路は、2点を結ぶ光学的な距離が最短になるように選ばれる」とする原理です。言い換えると、「光は2点間を最短時間で結ぶ経路を選ぶ」となります。

注1　運動方程式を初めに与えてしまうニュートン力学の考え方を発展させて、力を及ぼす場のエネルギーを与えて最小作用の原理を用いると運動方程式が求められる、とする力学が、解析力学です。

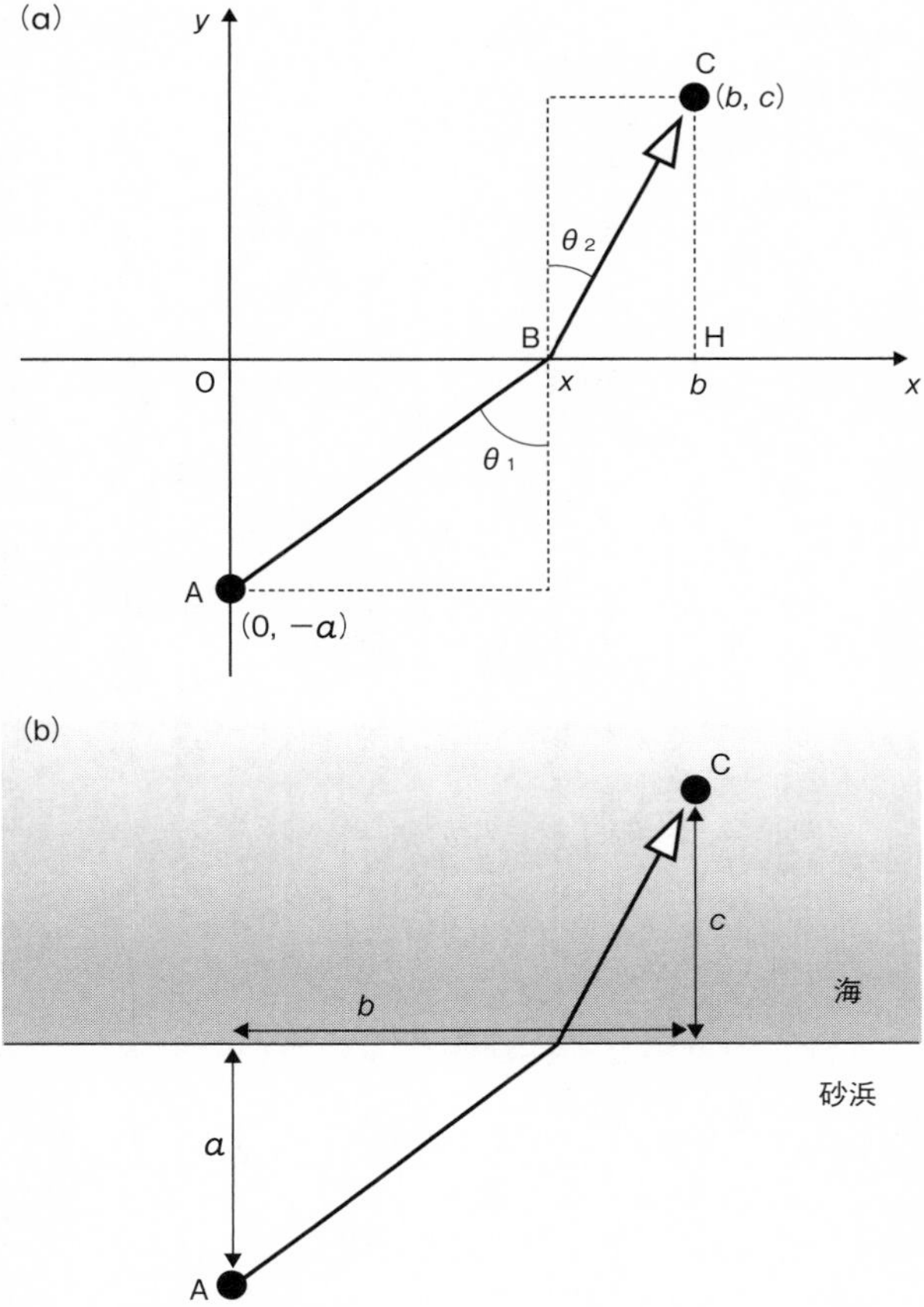

図3-3　最小作用の原理の応用例
屈折の法則は、光が最短時間で AC 間を結ぶと考えれば導出できる

この話は、図3－3(b)に描かれているような問題に喩えられます（この喩えをしたのはファインマンです）。

海水浴の監視員Aが、浜辺からaの距離にいる。彼は自分から見て右にb、浜辺からcの距離の場所で、おぼれている人Cを発見した。最短時間でCを救助するためには、監視員Aはどのような経路で向かえばよいだろうか。ただし、彼が砂浜を走る速さは、海を泳ぐ速さのn（>1）倍である。

泳ぐより走るほうが速いので、監視員は少し砂浜を長く走り、ある地点から泳いでいくことになります。厳密に最短時間となる経路を計算すると、砂浜から海へ飛び込む場所（図3－3(*a*)でいえばB点）は、$\sin\theta_1/\sin\theta_2=n$をみたす場所、という結果になります。つまり、屈折率1の媒質からnの媒質へ入射する光の経路と同じものになるのです。

一般相対性理論では、「光は曲がった空間での測地線を進む」という原理にもとづいて運動が決まります（図3－4）。光はつねに自分自身の経路として最短時間で到達するように動くものですが、進む空間が歪んでいると、その測地線は必ずしも直線ではありません。以下では、光の測地線（光速で進む測地線）を**光的測地線**、物質の測地線（光速未満で進む測地線）を**時間的測地線**と呼びます。

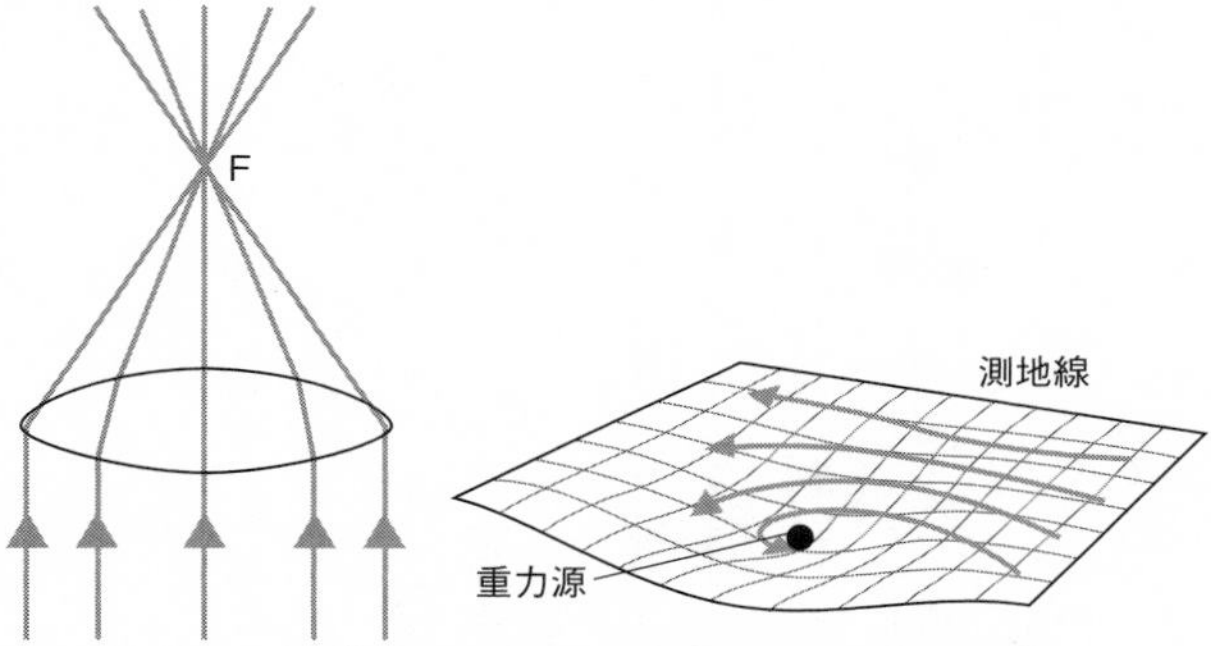

レンズを通った光が焦点を結ぶ

大きな質量で歪んだ空間上を進むと，測地線も曲がる

図3-4　光は素直に直進する
光はレンズでも重力でも湾曲して進むが、光にとっては最短時間で伝わる経路（測地線）を直進していると考える

時空特異点の定義

さて、特異点の話にもどりましょう。

時空のある点が特異点となっているかどうかを見分ける指標として、座標のとり方に依存しない曲率の値（曲率不変量 注2）を計算します。シュヴァルツシルト解で物質を置いた原点や、フリードマン解の時刻ゼロの点では、この曲率不変量が発散することから、私たちはこれらの点が（どのように座標を張り替えても決して取り除くことのできない）特異な点、すなわち**時空特異点**であることを直

注2　たとえば、リーマン曲率 R_{abcd} の2乗に相当するクレッチマン不変量 $\sum_a \sum_b \sum_c \sum_d R_{abcd} R^{abcd}$ というものがあります。

観的に理解できます。しかし、この「点」では、時空構造そのものが破綻していることから、特異点そのものの議論をすることができません。そのため、この特異な点を「穴」として時空から取り除くことにします。つまり、**時空特異点は時空の点ではない**ことにするのです注3。そして、特異点に徐々に近づくとどうなるか、という調べ方をします。

特異点（時空の「穴」）に向かって自由落下していく観測者を想像してみましょう。その観測者がたどる軌跡は、測地線です。観測者が時計を持っていて、「穴」に有限の時間で到達したとしたら、それ以上進むことができません。測地線に終点があったことになります注4。

そこで、次のようにして特異点の存在を定義することにします。

特異点の存在

有限時間で終了してしまう測地線が存在したならば、その時空は「特異である」という。

注3　こうしてしまうと特異点を「座標上のこの点」として定義できなくなるのが厄介なのですが、しかたありません。ここから先は、特異点は時空にあいた「穴」である、と考えてください。

注4　**専門用語補足**▷測地線に終点がなく、無限に長く未来に向かってつながっているとき、「未来向きに完備な測地線」（future-complete geodesic）と呼びます。

注5　**専門用語補足**▷厳密に表現すると次のようになります。「時空が未来向きか過去向きに不完備な測地線を1つでも持つならば、その時空は不完備（特異）である」

つまり、測地線に終点があって時空が「特異である」ことから、特異点の存在を見抜くことにします[注5]。測地線が延長できないならば、到達できない点が存在することになるので、特異点が存在していると主張できるのです。このように、時空の特異点は、特異点そのものではなく、特異点に近づいていく測地線の性質で決められます。

3-2 特異点定理への準備

特異点定理の解説に入る前に、そのために必要な用語や概念について、説明します。

準備1：最大捕捉面と事象の地平面

大きな質量が小さな領域にあると、強い重力が生まれます。強い重力場を進む光の経路も、影響を受けて曲がります。図3-5は、ブラックホールの近くで光を周囲に発したときの光円錐を示したものです。図の(a)は、光が空間的にどう広がってゆくのかを、光円錐の先端（光波面とい

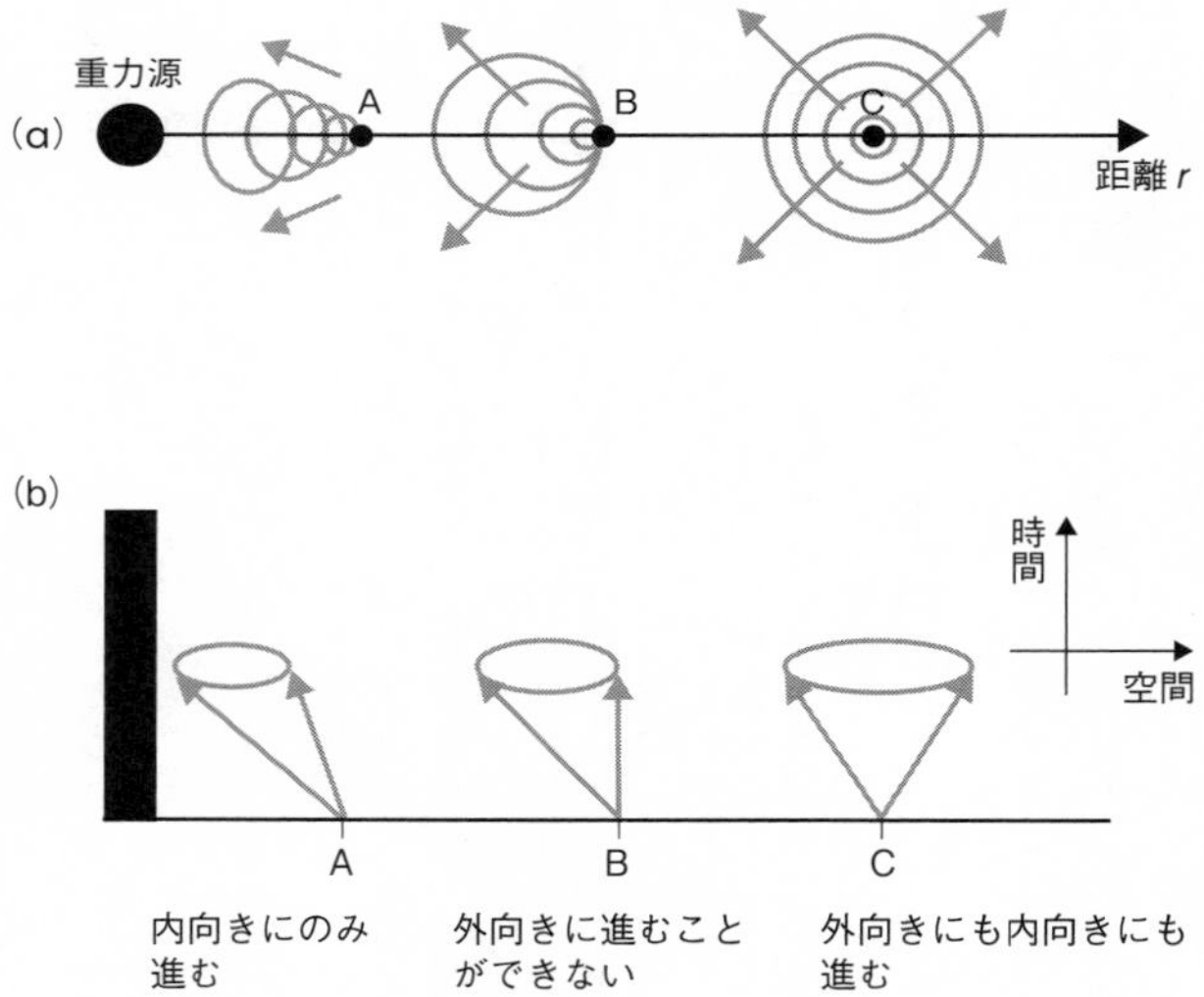

図3-5　ブラックホールの近くで放った光の進み方

(a) 空間的にどう広がってゆくのかを表した図
(b) 横軸を空間方向、縦軸を時間未来方向として表した図
ブラックホールから遠い点Cからの光は、外向きにも内向きにも進めるが、ブラックホールから近い点Aからは、外向きに放たれた光も内向きに進む。点Bは外向きに放たれた光が外へ進めなくなる境界となっている。点Bよりブラックホール側が捕捉面となる

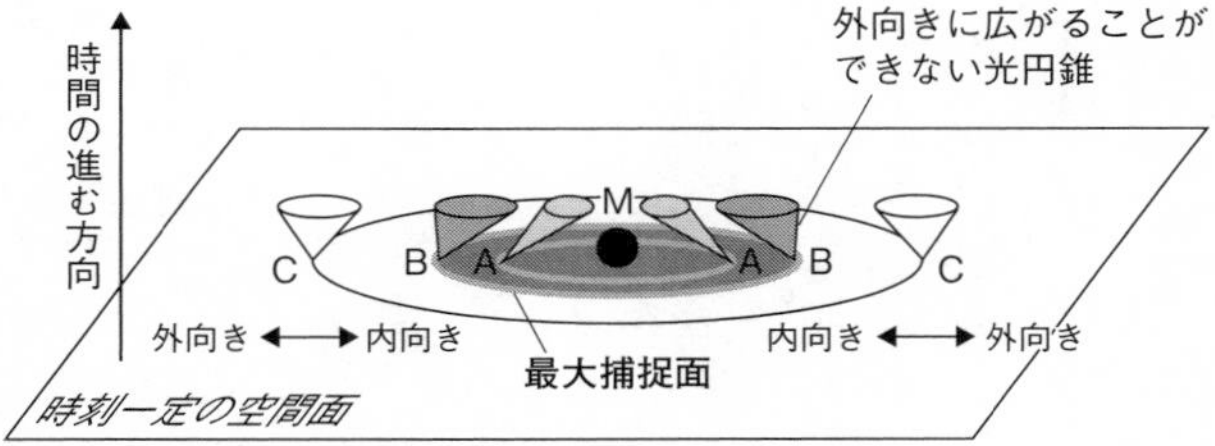

図3-6　捕捉面の説明図
時刻が一定の空間に、中心に強い重力を及ぼす重力源Ｍがある。空間上の各点からは光を周囲に放つ。図では上向きが未来方向になっていて、Ｍより離れた点Ｃでは、光は外向きにも内向きにも進むので光円錐は両側に広がる。Ｍに近い点Ｂでは、光は外向きに進めない。Ｍにさらに近い点Ａでは、光は内向きにしか進めなくなる。点Ｂのように、光が外向きに広がることができない境界となる２次元面を、**最大捕捉面**という。「見かけの地平面」とも呼ばれる

います）のふるまいとして示しました。ブラックホールから離れた点Ｃでは、光円錐は同心円状になります。静かな池に石を投げたときに水面に広がっていく波のようです。ところが、ブラックホール近傍の点Ａでは、重力源に向かう流れが強いため、外向きに放たれた光も内向きに進むようになります。

図３‐５の(b)は、図３‐５の(a)に描かれている以上の説明を、縦軸を時間軸とした図で示したものです。

図３‐６は、図３‐５と同じことを立体化して描いたものです。時刻一定な空間を２次元面として表しています。中心に重力源Ｍがあり、そこから離れた点Ａ、Ｂ、Ｃから光を周囲に向けて放ちます。この図は上向きが未来向きとなる時間軸なので、光の進路は円錐のように表さ

れることになります。

重力源Mから離れている点Cでは、光は外向きにも内向きにも進むので、光円錐は両側に広がります。重力源Mに近い点Aでは、光は内向きにしか進めなくなります。点Bはその境界となる場合で、光が外向きに広がることができない場所です。このように、光が重力源に向かってしか進むことができない領域（図３-６でグレーの部分）を**捕捉面**といいます。点Bを含む２次元面は、その最も外側のところなので**最大捕捉面**といいます。まとめると、捕捉面の定義は次のようになります。

捕捉面の定義

「外向きに放たれた光が外側へ進めない領域」を**捕捉面**あるいは閉じた**捕捉面**（closed trapped surface）という。

「捕捉面を取り囲む外側の境界面」を**最大捕捉面**（outermost trapped surface）という。

最大捕捉面は**見かけの地平面**（apparent horizon）とも呼ばれ、こちらのほうがよく使われる用語になっています。それは、数値シミュレーションをしてブラックホールを探すときには、多くの場合、この見かけの地平面が使われるからです。

これに対して、光円錐の広がり方をずっと追い続けて、外向きに向けて放った光が重力源Mの影響で無限遠方に到達できなくなっているのが確認できたとき、その最も外側の面を**事象の地平面**（event horizon）と呼びます。次ページの図3－7の点Cを含む2次元面を時間発展させた面が、事象の地平面です。

事象の地平面の定義

「外向きに放たれた光が無限遠方まで届かない時空の領域の最も外側の面」を事象の地平面（event horizon）という。

この事象の地平面の内側が、ブラックホールの定義になります。すなわち、

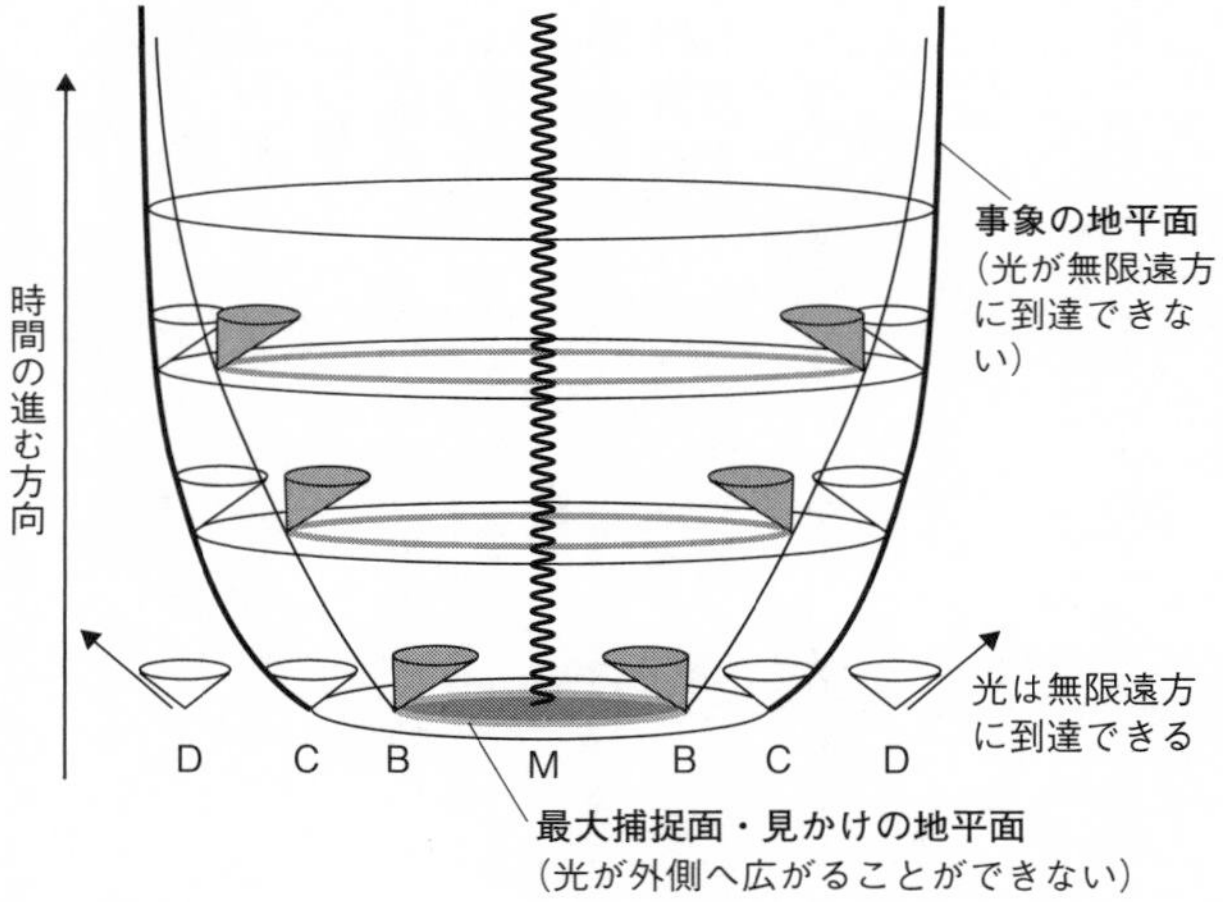

図3-7　２つのブラックホール地平面の定義

時刻一定面で外向きに放った光が外向きに広がることができない点Ｂを**見かけの地平面**といい、外向きに放った光が無限遠方に到達できない限界面を**事象の地平面**と呼ぶ

ブラックホールの定義

事象の地平面の内側をブラックホール（black hole）という。すなわち「外向きに放たれた光が無限遠方まで届かない時空の領域」である。

となります。事象の地平面の内側からは、どんな光も物質も外側には出られません。ですから、ブラックホール自体は光らない天体である、ということになります。ブラックホールは星ではなく、時空の領域として定義されるのです。

準備２：時空がみたすべき「良いふるまい」

次は、私たちが当然のことと考えている「良い時空」の条件についてです。

物理法則は、現在の状況から運動がどのように生じて、どのように時間発展していくのかを明らかにする法則です。考えはじめる時刻でのデータを「初期条件」と呼び、時刻を進めながら運動方程式を解いていくことになります。

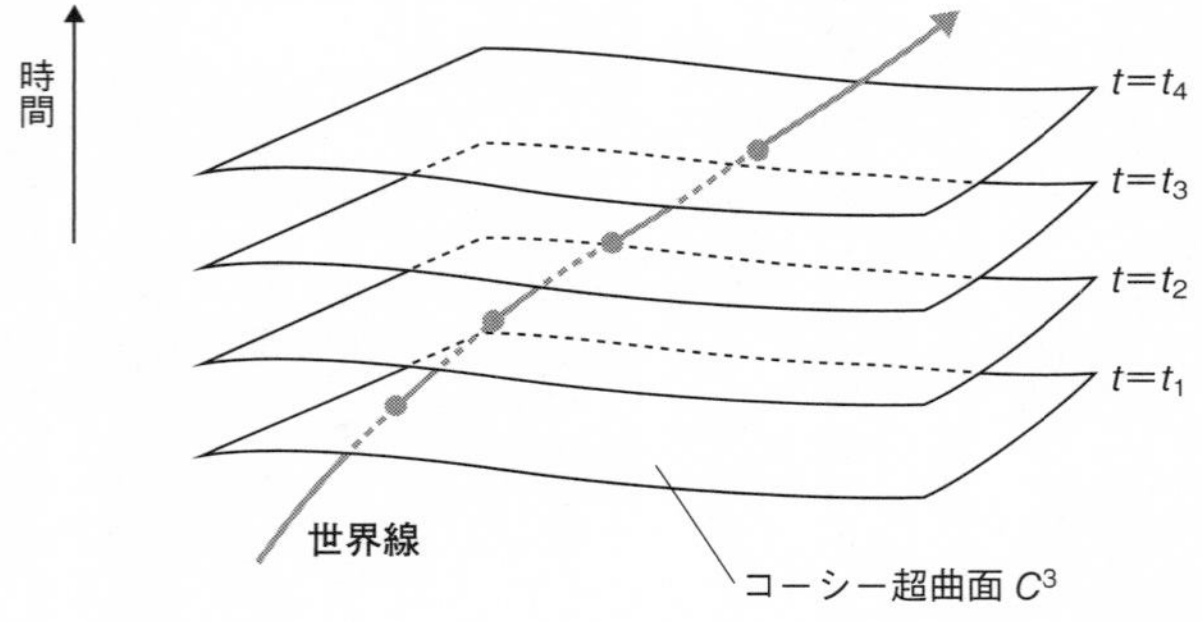

図3-8　コーシー超曲面と時間発展
3次元空間が時間発展することで時空のダイナミクスを追う

ニュートンの力学からはじまる物理法則はすべて、初期条件を設定すれば（物体の初期位置と初速度を決めれば）その後の運動状態が決定される法則になっています。このように初期条件を設定して時間発展問題を解くことを「初期値問題」、あるいは数学者コーシー（1789～1857）の名前をとって「コーシー問題」ともいいます。

一般相対性理論では、時間の進み方も空間座標のとり方も、座標設定の自由度がありますので複雑です。しかし、初期条件を設定して時間発展をする、という考え方は基本的には同じです。一般相対性理論で初期条件を設定することは、時刻$t=0$での時空の初期計量・物質の初期分布と、時空の計量の時間微分・物質の初速度を与えることに相当します。

図3-8にあるように、時刻一定の3次元曲面（**超曲面**といいます）が時間とともに定められていき、そ

れらを結んで理解するのが時間発展となります。木の葉を何層にも重ねたイメージで、葉層構造（foliation）とも呼ばれます。また、物体が時空を運動していくさまは、世界線（world line）と呼ばれる曲線で表されます。

用意された初期データ（初期超曲面）から、それより未来のすべてが議論できるとき、その初期面を**コーシー面**（コーシー超曲面）と呼び、コーシー面をもつ時空を**大域的双曲性**（global hyperbolicity）をもつ、といいます。そうであれば、時空内の２点を結ぶ測地線の存在が保証されます。

初期値のみで未来の物理現象がすべて決定されることは、普通のことと思われるかもしれません。しかし、あえてこのような言葉を定義するのは、例外があるからです。

たとえば、特異点が発生するような時間発展だと、そこから先は物理法則が適用できなくなるので、コーシー面であるとはいえません。また、タイムマシンのように、時間発展をしていても未来と過去を行き来するような「閉じた時間的世界線」（closed timelike curve：ループを描く世界線）があると、物理法則が予測能力を失ってしまいます（図３-９）。「因果律」が守られる（過去へ戻るタイムマシンが実現しない）ためにも、特異点の発生や、閉じた時間的世界線の存在は避けたいのです。

コーシー面であるためには、考えている時空の端（境界条件）にも気をつけなければなりませ

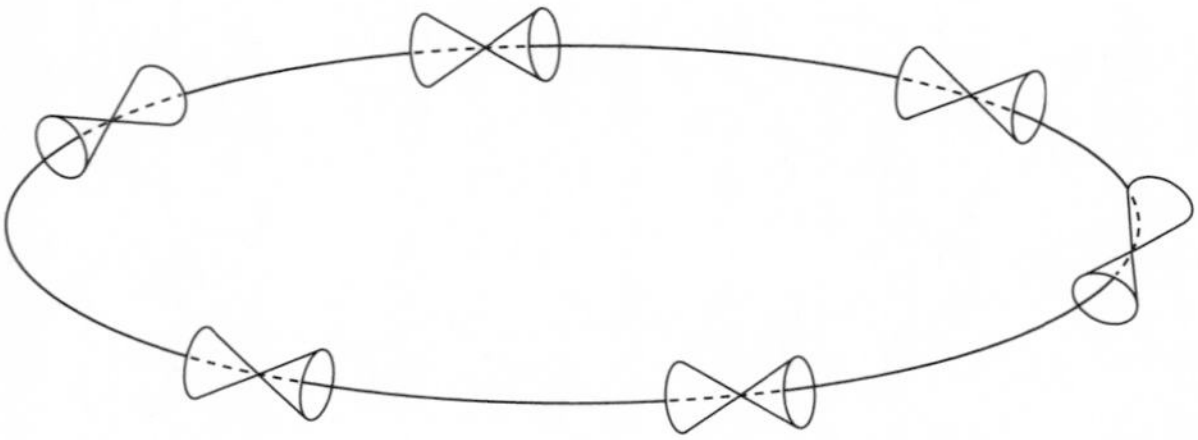

図3-9　閉じた時間的世界線
時間的に進んでいるはずが、元の時空点に戻ってくるような世界線。因果律が成り立たなくなる

ん。時空の端に壁があって情報が跳ね返ってくるような場合だと、コーシー面だけの情報では時間発展を覆いきれないことになります。重力崩壊などの星のダイナミクスを考えるとき、いちばん自然な仮定は、空間的に十分に遠方で平坦な時空になっている、という漸近的平坦性の設定です。

時空がみたすべき「良いふるまい」とは、まずは因果律が守られていることです。そしてさらに強く制限するならば、大域的双曲性を仮定して、物理的な問題として見通しがよいものを考えることになります。

準備3：エネルギー条件

のちほど、特異点定理の説明のなかで、「普通のエネルギー条件をみたす物質であれば」という表現が登場します。いわゆる「普通の物質」とは、質量が正であり、移動速度が光速を超えないものです。このことをきちんと理解するためには「エネルギー条件」という専門用語が必要になりますので、ここで紹介しておきましょう。

一般相対性理論では、エネルギーとは何かを定義することは簡単ではありません。重力の効果は、小さな領域では（局所的には）等価原理によっていつでも消去されてしまうので、「重力エネルギー」や重力を含んだ局所的な「全エネルギー」を、座標のとり方によらない形で定義できないからです。そのため、エネルギーを議論するときには次の３つのアプローチのいずれかを用いることになります。

１つは、無限遠点で全エネルギーを定義する方法です。星のような局所的な現象を記述するときには、漸近的平坦性を仮定して構わないでしょう注6。空間無限遠点におけるエネルギーであるＡＤＭエネルギー（ＡＤＭはArnowitt-Deser-Misnerの頭文字）と、光的無限遠点におけるエネルギーであるボンディエネルギー（ボンディはH. Bondiからとったもの）が、自然に定義されることが知られています。前者は遠方から見た星の質量に相当し注7、後者は重力波が運び去るエネルギーを与えます（図３－10）。

２つめは、時空の一部を切り取って、その内部にあるエネルギーを定義する方法です。準局所的エネルギー（quasi-local energy）と呼ばれるもので、

注6　専門用語補足▷遠方が次第に平坦なミンコフスキー時空（48ページの数式1）に近づいていくことは、距離をrとして、$r\to\infty$のときに、計量テンソルが$g_{ab}=\eta_{ab}+O(1/r)$となることを意味します（η_{ab}は①式の計量です）。

注7　専門用語補足▷より正確にいえば、ニュートン重力における質量Mを、計量の重力ポテンシャル部分$g_{00}=-(1-2M/r)$として再現します。

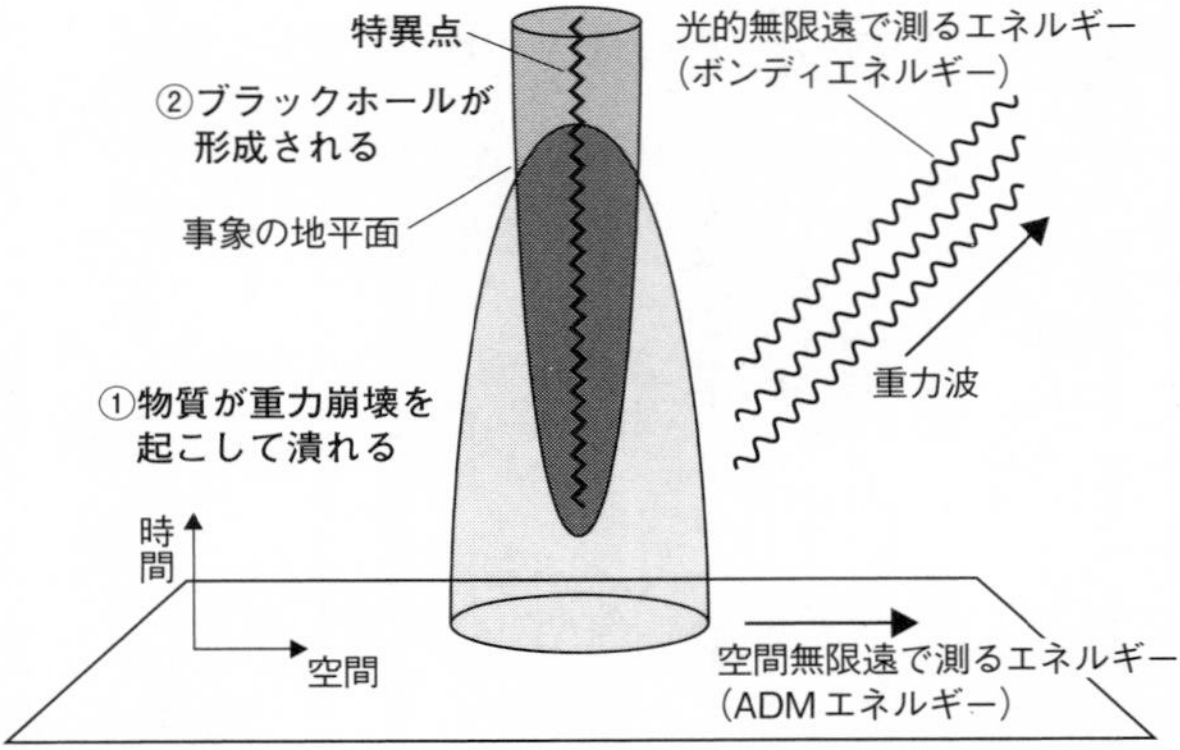

図3-10　無限遠点で定義される2つのエネルギー
ADMエネルギーは空間無限遠点で、ボンディエネルギーは光的無限遠点で定義される。星が潰れてブラックホールになる時空を例にして、それぞれの定義される無限遠点を描いた

時空の切り取り方の違いを含めて多数提案されているものの、その物理的意味は必ずしも明確ではありません。

私たちが本書で注目するのは、3つめの方法です。エネルギーそのものではなく、エネルギー的にみたされる不等式をみるのです。

光速未満で移動する観測者が、物質場のエネルギーを正と測定するならば「弱いエネルギー条件をみたす」といいます。これは普通に私たちが「質量は正だ」と認識していることと同じです。きわめて普通のことをもっともらしく表現しているのですが、あとでこの「普通さ」が重要になってきます。

光速で移動する観測者が物質場のエネ

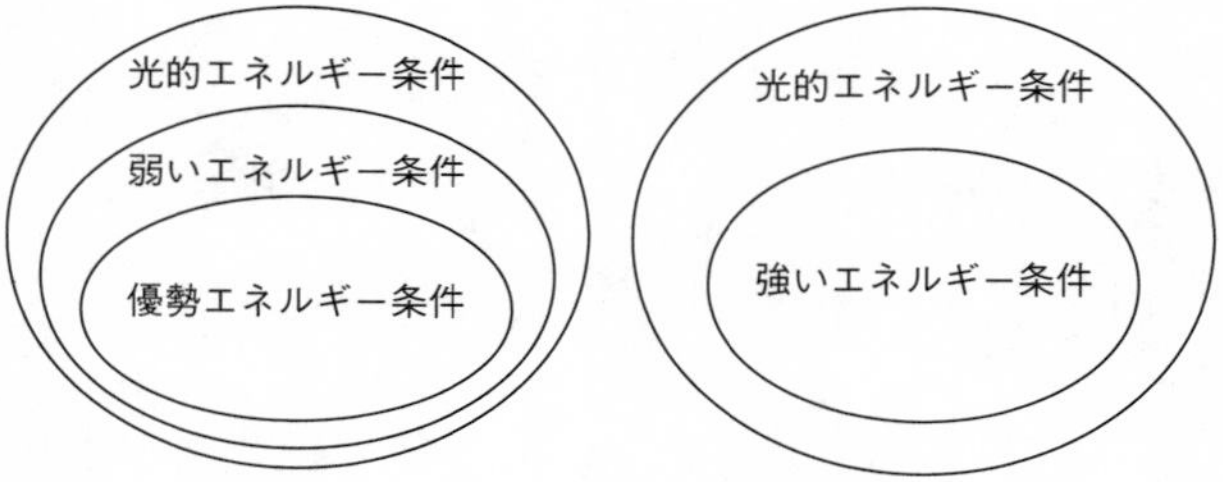

図3-11　エネルギー条件の包含関係

ルギーを正と測定するならば「光的エネルギー条件をみたす」といいます。

この他に、時空が重力の作用を超える力で膨張するときの目安としての「強いエネルギー条件」や、エネルギーの流れに注目した「優勢エネルギー条件」など４つが、不等式で定義されています。それぞれのエネルギー条件のくわしい定義や意味などを、次ページの表３－１にまとめました。

それぞれの条件を表した不等式は、のちほど説明する特異点定理や、付随するブラックホールの定理の証明で使われます。４種類も違った不等式があるのは、単に証明の都合で仮定されたためです。

４つのエネルギー条件の包含関係を図３－11に示しました。できるだけ一般的な条件（より広い円で描かれた条件）で証明することが望まれているのは言うまでもありません。

エネルギー条件 (EC＝energy condition)	定義とおよその意味(k^a、v^aをそれぞれ任意の光的ベクトル、時間的ベクトルとする)	完全流体の場合 $T^a_b=(-\rho c^2,p,p,p)$	利用される例 (BH＝ブラックホール)
弱いエネルギー条件 (Weak EC; WEC)	$\sum_a\sum_b T_{ab}v^a v^b\geq 0$ 光速未満の観測者が測るエネルギーが正 (通常の物質ならばWECはみたされる)	$\rho c^2+p\geq 0$ かつ $\rho\geq 0$	
強いエネルギー条件 (Strong EC; SEC)	$\sum_a\sum_b (T_{ab}-(1/2)Tg_{ab})v^a v^b\geq 0$ SECが破れると、重力理論は斥力が優勢な解を導く	$\rho c^2+p\geq 0$ かつ $\rho c^2+3p\geq 0$	⇒ホーキング-ペンローズの特異点定理
光的エネルギー条件 (Null EC; NEC)	$\sum_a\sum_b T_{ab}k^a k^b\geq 0$ 光速移動の観測者が測るエネルギーが正	$\rho c^2+p\geq 0$	⇒ペンローズの特異点定理 ⇒BH熱力学第2法則
優勢エネルギー条件 (Dominant EC; DEC)	$\sum_b(-T_{ab}v^b)$ が時間的または光的ベクトルになる エネルギー流が光速より遅く、保存則が保証される	$\rho c^2\geq \vert p\vert\geq 0$	⇒BH熱力学第0法則 ⇒正エネルギー定理 ⇒宇宙検閲官仮説

表3-1　一般相対性理論で使われるエネルギー条件の定義と、その利用される例

強いエネルギー条件（SEC）・弱いエネルギー条件（WEC）と言うと包含関係がありそうだが、両者の間には包含関係はない。存在する包含関係はSEC ∈ NEC（SECが成立すればNECも成立している）およびDEC ∈ WEC ∈ NECである（→図3-11 参照）

準備4：測地線偏差の式

ブラックホール近傍の時空の性質を考えるときには、光の軌道が重要になります。光円錐が進んでいく方向からブラックホールの境界を定義することを先に紹介しました。ここでは、光円錐の形状がどう変化するかに注目します。

そのために、**測地線束**というもののふるまいを考えていきます。光の束を光的測地線束（null geodesic congruence）といいます。隣り合う測地線の間隔が広がるのか狭まるのかを表す式から、凸レンズのように光の束が収斂《しゅうれん》していく条件は何かを議論していくのです。光ではなく物質が束になって進むときは、時間的測地線束として同じように考えます。この部分は、特異点定理の証明の中で核となるところですので、少し式を出しますが、論理の流れだけ味わってください。

まず、測地線束が進んだときにどのように変化したかを表す要素を、測地線束の断面積膨張率 θ（$\theta>0$ なら膨張、$\theta<0$ なら収斂）、形のひずみ σ_{ab}、形の回転 ω_{ab} の3つに分けておきます（図3-12）。添え字の a、b は、2次元断面の変化を表す成分に相当します。測地線に沿うベクトルを V^a（添え字の a は成分 t, x, y, z を表す）、測地線に沿って進む時刻を表すパラメータ（アフィンパラメータ）を τ とします。そうすると幾何学的な考察から、断面積膨張率 θ に対する

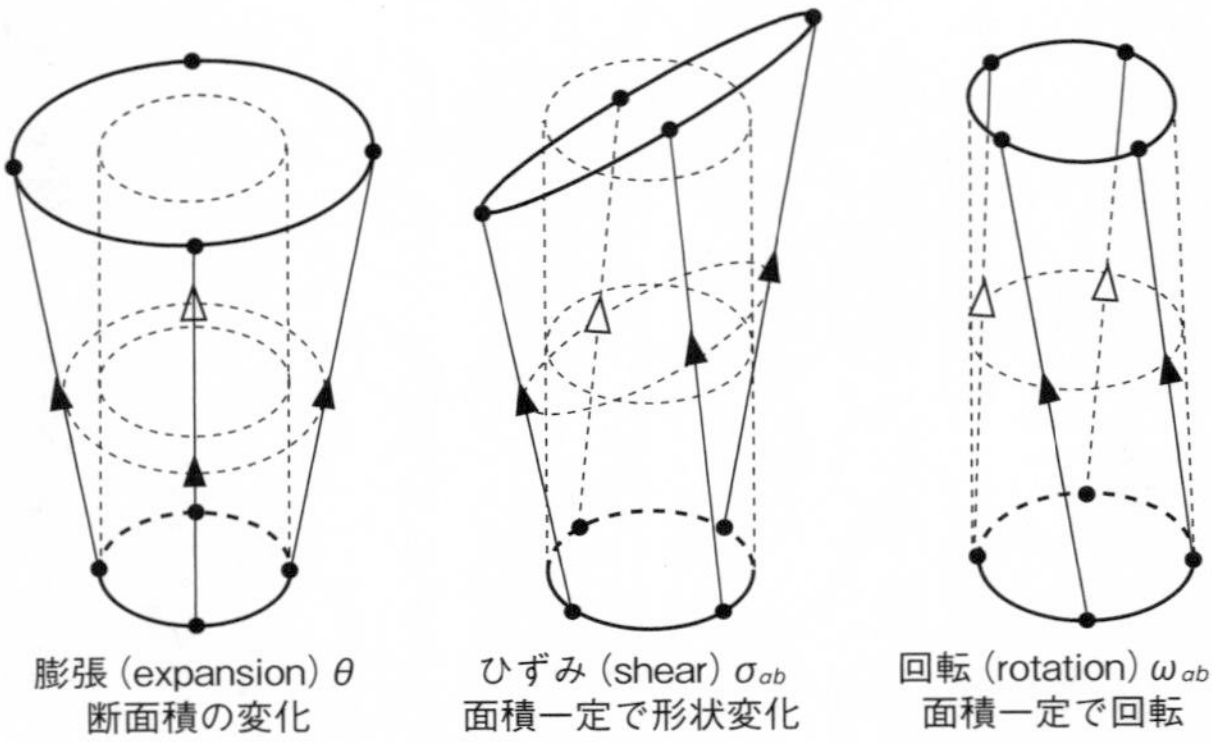

図3-12　測地線の束の変化を表す3つの要素

微分方程式は

$$\frac{d\theta}{d\tau}=-\frac{1}{N}\theta^{2}-\sum_{a}\sum_{b}\sigma_{ab}\sigma^{ab}+\sum_{a}\sum_{b}\omega_{ab}\omega^{ab}-\sum_{a}\sum_{b}R_{ab}V^{a}V^{b}$$

となります。この式を**測地線偏差の式**（レイチャウドゥリの式）といいます。式中のNは、光的測地線のとき$N=2$、時間的測地線のとき$N=3$です。この式を導出する過程には、アインシュタイン方程式は登場しません。つまり、どんな重力理論に対しても、この式が成り立ちます。

ひずみσ_{ab}は、初めゼロであっても時空の曲率項によって値を持つようになりますので、この測地線偏差の式の右辺第2項$\Sigma_a\Sigma_b\sigma_{ab}\sigma^{ab}$は、ゼロか正です。回転$\omega_{ab}$は、初めゼロであれば、ゼロのまま保たれます。簡単のため、ひずみも回転もゼロとしましょう。測地線偏差の式の右辺が負であれば、θ は確実に減少していくことになりますが、右辺が負になるかどうかは、最後の項 $\Sigma_a\Sigma_b R_{ab}V^aV^b$ の符号がプラスかマイナスかが問題です。アインシュタイン方程式を適用すると、

$$\sum_a\sum_b R_{ab}V^aV^b = \frac{8\pi G}{c^4}\sum_a\sum_b\left(T_{ab}-\frac{1}{2}Tg_{ab}\right)V^aV^b$$

となるので、時間的測地線に対しては強いエネルギー条件を課し、光的測地線に対しては光的エネルギー条件を課せば（あるいはもっと限定的には弱いエネルギー条件を課せば）、θ は減少、すなわち収斂していくことになります。このとき、

微分方程式

$$\frac{d\theta}{d\tau} \leq -\frac{1}{N}\theta^2$$

の解は、初期条件を $\theta\,(\tau=0)=\theta_0$ とすると、

$$\theta^{-1} \geq \theta_0^{-1} + \frac{\tau}{N}$$

となるので、はじめの値 θ_0 が負であれば、有限時間 $\tau \leq N|\theta_0|^{-1}$ 程度の時間で θ が負の無限大に発散することがわかります。すなわち、測地線束は有限時間で面積ゼロになってしまうことが

わかります。

測地線が交わる点を**共役点**（conjugate point）といいます。凸レンズを通った光が焦点を結ぶのと同じです。この点で測地線束の断面積がゼロになってしまうので、以降の物理的な計算は続行できず、測地線は共役点にて途切れたことになります。途切れた測地線があることは、時空に行き止まりがあることを意味します。つまり、時空は特異である（特異点が存在する）、ということになります。

結局、特異点は、ごく普通の、観測者がエネルギーを正と測る程度のエネルギー条件を課せば生じることになるわけです。

準備5：見かけの地平面と事象の地平面の関係

捕捉面とエネルギー条件を組み合わせると、ブラックホールに密接に関連した議論が展開できます。ここからは、ブラックホールが形成されていく過程を想像してください。

たとえば、宇宙空間で多量のガスや塵が重力によって集まり、潰れていくような状況です。物質が一様に分布していれば、潰れるような現象は生じませんが、少しでも密度が高い部分があると、ガスや塵は自己重力でだんだんと集まっていきます。集まってできる塊の中心部では、圧縮されて温度が上昇することでしょう。そして核融合が始まる温度まで到達すれば、星として輝きはじめることになります。宇宙の最初にできた星はこのように形成された、と考えられています。もし集まってくる物質が大量であれば、重力崩壊して、巨大なブラックホールにまで一気に成長するかもしれません。現在、銀河系の中心にある超巨大ブラックホールの形成過程は不明ですが、このように宇宙の初期から巨大ブラックホールができていた、とする説があります。

いま、コーシー面が存在する状況（大域的で双曲的な時空）だとしましょう。このとき、次のような定理があります。

見かけの地平面と事象の地平面の関係

光的エネルギー条件が成立している時空では、捕捉面が存在していると、それはブラックホールの内側である。すなわち、見かけの地平面があれば、その外側には事象の地平面が存在する[注8]。

これは測地線偏差の式で光的エネルギー条件を仮定すると、光の束の断面積が有

注8　**専門用語補足**▷厳密には次のような表現になります。「大域的双曲性をもつ漸近平坦な時空において、光的エネルギー条件が成立すれば、捕捉面はブラックホール内部に含まれる」

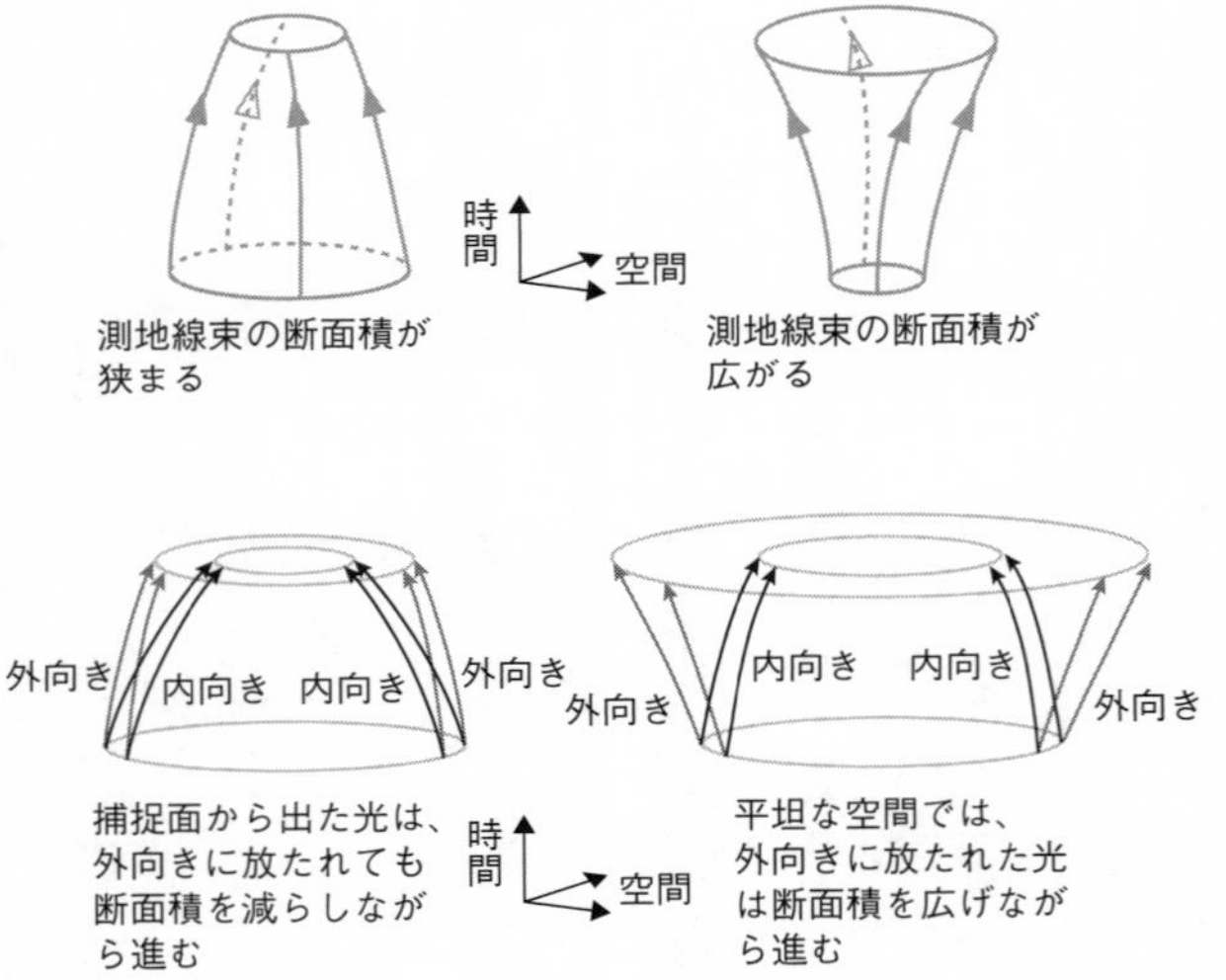

図3-13　光的測地線束の収斂
光の測地線の束を考えると、束の断面積が広がっていくのか、収斂していくのかを計算することができる。時空が光的エネルギー条件をみたしているとすれば、光的測地線束の断面積は有限時間でゼロになる

限時間でゼロに収斂していくことから直観的に理解できたかもしれません（図3－13）。

この関係を図示しているのが、先に掲げた図3－7です。

見かけの地平面が発見されれば、その場所は必ずブラックホールの内部です。見かけの地平面が発生したかどうかは、時刻一定の空間データがあれば計算することができます。

しかし、事象の地平面の場合は、外向きに放った光をずっと追い続けて、それが無限遠に到達できるかどうかまでを計算しなければなりません。これは数値シミュレーションで行うにはとても面倒な問題です。長く時間発展を行ったデータを蓄積して、さらに光の軌跡を解析しなければなりません。121ページで、数値シミュレーションでのブラックホール探しには見かけの地平面が使われると述べた理由はここにあります。

事象の地平面の存在は、光円錐の将来を計算して初めてわかるものですから、私たちが巨大な質量の天体の近くを宇宙船で飛んでいたとして、自分がいま事象の地平面の外側にいるのか内側にいるのかを知ろうとしても、それは難しいと言わざるをえません。地平面の内外で物理法則が変わるわけでもなく、時間の流れもスムーズなはずです。ですから、自分を運ぶ宇宙船は事象の地平面の内側にいた！　と気づいたときにはもう遅い、ということになってしまいます。

準備６：位相空間を扱う数学用語

特異点定理では、位相幾何学（トポロジー）の数学用語が登場します。図形の特徴を、より抽象的なレベルで扱う幾何学です。「ドーナツのように穴の開いた立体と、取っ手のあるコーヒーカップは、同じトーラス構造である」というような議論を耳にしたことがあるかと思います。位相幾何学では、図形を構成する点のつながりに注目して、そのつながり具合が同じであれば、同じ図形である（**同相**（homeomorphic）である）とします。時空をあつかう一般相対性理論に、この考えを本格的に導入したのがペンローズとホーキングでした。物理学を専門にしている人間

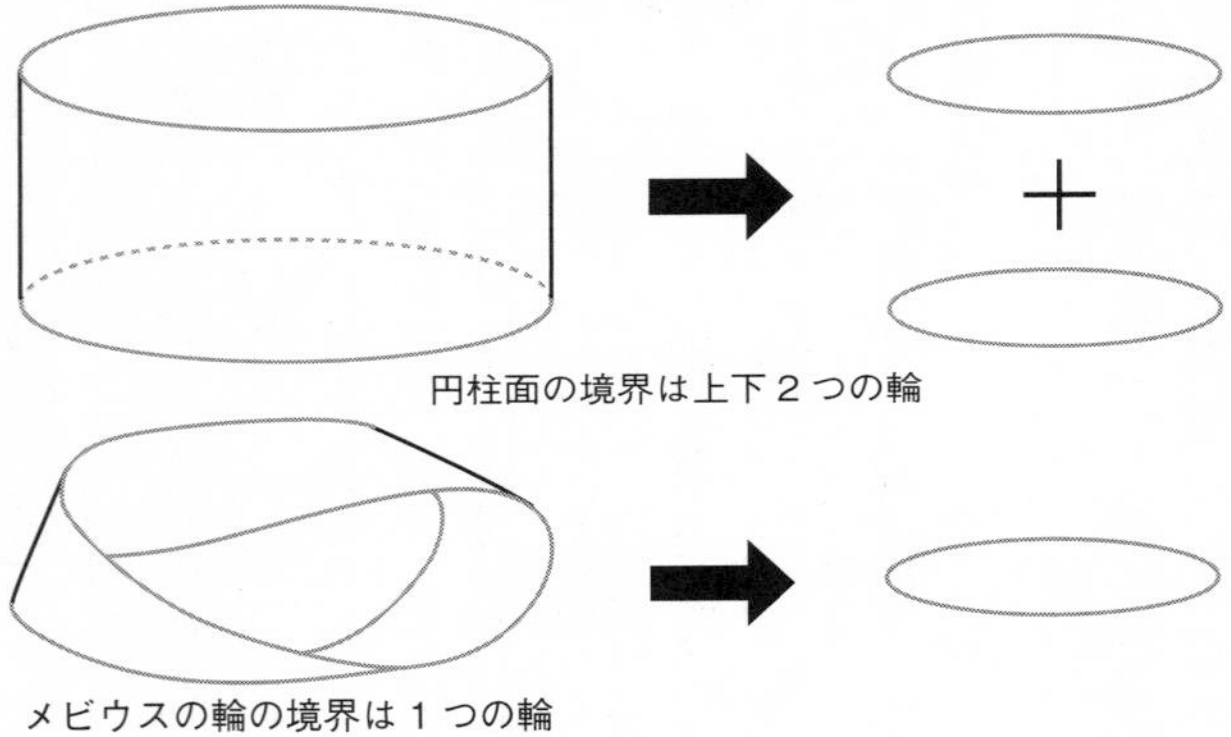
円柱面の境界は上下２つの輪
メビウスの輪の境界は１つの輪

図3-14　円柱面とメビウスの輪
境界の構造が異なるので、両者は異なる図形であることがわかる

にとっても、初耳のときにはその概念に慣れず苦労する用語もあります。ここでトポロジーを理解するうえで必要となる用語について、先に紹介しておきましょう。

　図形を特徴づけるのは、その境界です。新聞紙が１枚あれば、その端が境界です。平たい円盤も、その周囲が境界です。この２つの境界はどちらも閉じた線となりますので、両者は「同相である」といえます。

　図３－14の上の図を見てください。円柱面には円を描く境界が上下に２つあり、２本の閉じた線が境界となっています。ところが、下の図のメビウスの輪を考えると、境界は１本の閉じた線です。明らかに異なりますので、円柱面とメビウスの輪は異なった図形であることがわかります。

長さが1の直線があり、直線上の位置をxで表すとしましょう。直線の両端を含んだ区間は、[0, 1]（あるいは$0 \leqq x \leqq 1$）、両端を除いた部分は(0, 1)（あるいは$0 < x < 1$）と表します。前者は閉区間、後者は開区間といいます。平面上の1つの点の「近く」を考えたとき、境界のある「近く」なのか、境界を定義しない「近く」なのか、という区別が発生します。駅から歩いて10分以下の場所なのか、10分未満の場所なのか、という区別です。10分以下の場所を集合として考えれば**閉集合**（closed set）といい、10分未満の場所を集合として考えれば**開集合**（open set）といいます。閉集合では、最大値や最小値を定義することができます。

ある**集合**Xを考え、その一部に注目した部分集合があるとします。いろいろな部分集合がとれますが、それらの部分集合をもととした集合を**部分集合族**Oといいます。Oは、X全体を含み、空集合ϕも含むものとします。XとOのペア(X,O)のことを**位相空間**（topological space）といいます。Oを決めるときには境界の設定をしていませんので、位相空間とはもとの集合Xを、開集合の概念で広げたようなものと理解できます。こうすることで、集合Xにいながら、その境界を議論することができるようになります。Oが定まっているという前提で、単に「Xは位相空間だ」といいます。

さて、ここで時空を考えれば、時空は位相空間です。時空の各点で座標が張れることまで考えると、時空は**多様体**（manifold）である、といいます。

あとで使う考えを列挙しておきましょう。

メモ1　開集合の和集合は開集合である。

メモ2　開集合の補集合は閉集合であり、その逆も成り立つ。しかし、数学用語の開と閉は排他的ではないので両立する。Xを位相空間、AをXの部分集合とするとき、Aと$X-A$とがいずれも開集合であるならば、どちらも**開かつ閉集合**（closed-open set）となる。

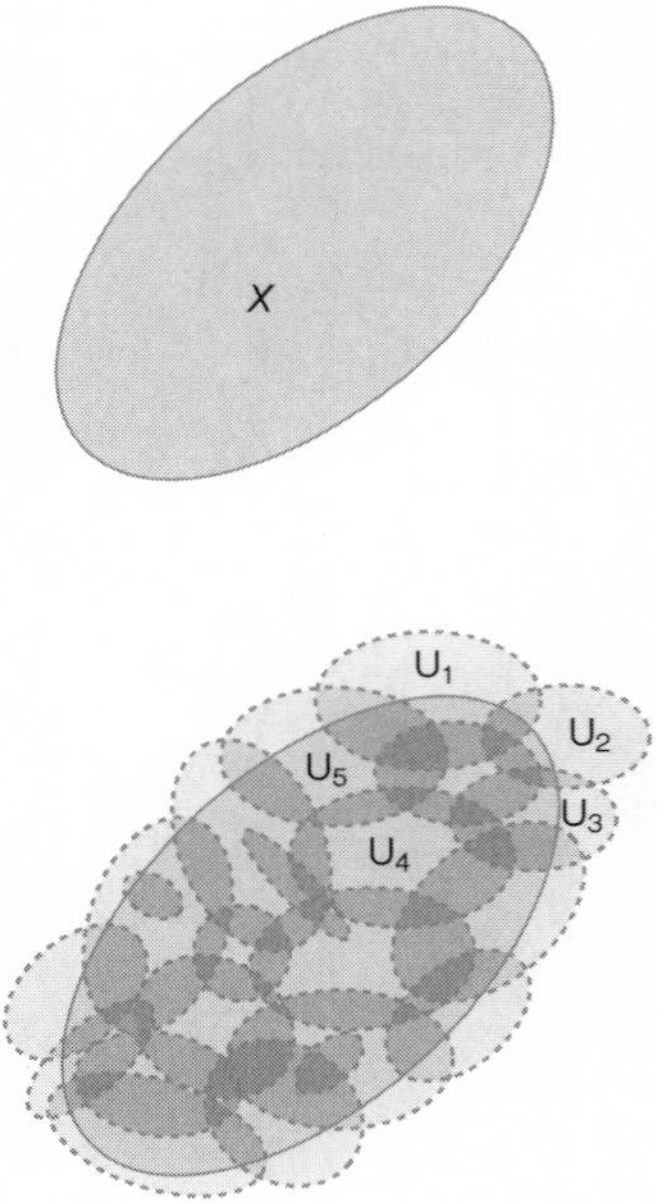

図3-15　コンパクト

位相空間Xをいくつかの開集合U_1, U_2,… の和集合で覆い尽くすとき、U_iの集合を被覆という。被覆が有限個で済むとき、Xはコンパクトという。コンパクトは、有界な閉集合であることを抽象化した概念である

メモ3　位相空間Xの部分集合Sに対して、その**境界**∂Sとは、SにもSの外部にも隣接する点の集合である。Sの各点は内点か境界点のどちらかになる。境界そのものには境界がない。

メモ4　位相空間Xをいくつかの開集合$U_1, U_2, \cdots$の和集合で覆い尽くすとき、U_iの集合を**被覆**《ひふく》(covering)という。被覆が有限個で済むとき、Xは**コンパクト**(compact)という(図3-15)。コンパクトは、有界な閉集合であることを抽象化した概念である(有界とは上限値があって上端が抑えられる、という意味です)。

3-3 特異点が発生する条件

長い準備が続きましたが、ここから特異点定理そのものの説明に入ります。

特異点定理1：特異点はごく自然に発生する

１９６５年、ペンローズは、重力崩壊する状況でひとたび捕捉面が発生すれば、特異点の発生は避けられないことを証明しました（特異点定理1）。そして1969年にはホーキングとともに、宇宙初期の特異点の存在についても証明しました（特異点定理2）。ここではまず、これらの特異点定理の構造から見ていきましょう。

特異点の有無について、時空の対称性を仮定せずに結論を出したいのですが、そのためには代わりに、次の3つの条件を仮定することになります。

特異点定理の構造

次の3つの条件を設定して、特異点が存在することを示す。

（1）どういう物質を考えるか（エネルギー条件、測地線の収束条件）

（2）どういう時空を考えるか（時空の大域的な構造に対する条件）

（3）どれだけ強い重力が存在すればよいか

（1）のエネルギー条件は、表3－1に列挙したように、強いエネルギー条件、弱いエネルギー条件、優勢エネルギー条件、光的エネルギー条件などを指します。（2）は、因果的な構造が保たれること（過去に戻るようなタイムマシンが存在しないこと）を条件にするか、あるいはより強くコーシー面の存在を仮定する（大域的に双曲的であること）を条件にする、というもので、（３）は捕捉面の存在を仮定する、などとなります。

これら３つの条件に、強弱それぞれの条件を設定することによって、特異点定理はいくつものバージョンが導かれます。

ペンローズが初めに示した特異点定理は、一言でまとめると、

特異点定理１：ペンローズ（１９６５年）

捕捉面が生じるほど強い重力崩壊をする星は、特異点を生じさせる

となります。より正確には、次のようなものでした。

特異点定理１：ペンローズ（１９６５年）

次の３つの条件が同時に成立している時空ならば、長さが有限な測地線が存在する（すなわち、時空は特異である）

（１）光的エネルギー条件が成立している

（２）時空にコーシー面が存在し、漸近的に平坦である

（３）捕捉面が存在する

この定理を発表した論文は、わずか3ページという短いもので、添えられた図は、本章のはじめの図（図3－1）が1つだけでした。証明方法は背理法です。特異点がないことを仮定しながら、次の一連のものを検討すると矛盾が生じてしまう、という論法です。

（i）4次元時空M^4_+を考える。＋の添え字をつけたのは、3次元コーシー面C^3より未来側であることを意味する。

（ii）M^4_+内のすべての光的測地線は未来向きに無限に長いとする（光的測地線は完備である）

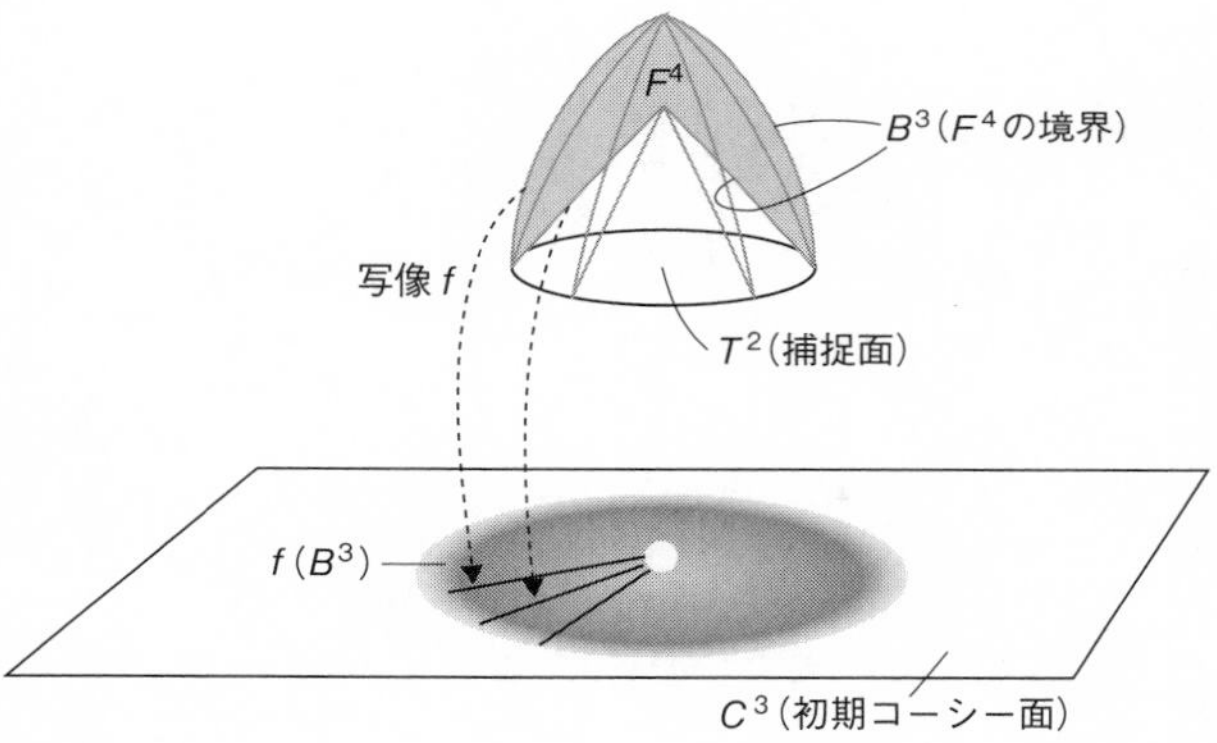

図3-16　特異点定理のあらすじ
捕捉面 T^2 から出た時間的測地線がみたす領域を F^4、その境界面を B^3 とする。B^3 は閉曲面になる。B^3 の各点は写像 f によって、初期コーシー面 C^3 上の各点に1対1で対応させることができる。T^2 から出る測地線に行き止まりがないとすると、写像 $f(B^3)$ が開集合か閉集合かで矛盾が生じる

（iii）M^4_+内のすべての時間的測地線、光的測地線（→114ページ）は、C^3まで過去へ拡張できる（C^3はコーシー面である）

（iv）M^4_+内のすべての時空点で、光的エネルギー条件がみたされる（局所的に測ったエネルギーは負ではない）

（v）M^4_+内に捕捉面T^2が存在する

さて、論文にある証明のあらすじを追ってみましょう。

●捕捉面T^2から出る未来向き時間的測地線がみたす領域をF^4とする（図3-1の横線で塗られた部分、ある

いは図3－16の上部のグレーの部分、添え字の4は4次元であることを示す)。F^4の境界面をB^3とする。B^3は光的測地線がつくる面である。

●仮定の(iv)(v)より、測地線偏差の式を考えると、光的測地線の未来には共役点という行き止まりの点が生じる[注9]ので、B^3はコンパクト[注10]である。さらにB^3には境界がない[注11]。つまり、B^3は境界のないコンパクトな多様体である(閉曲面という)。

●B^3上の各点どうしは時間的な曲線で結ぶことができないため、時間的な曲線群を使って写像を行うことができる。(iii)によってコーシー面が存在していることから、B^3の各点を初期コーシー面C^3上の各点に写像$f(B^3)$として1対1で対応させる。B^3はコンパクトなので、対応するC^3上の像$f(B^3)$も閉集合になる(図3－16のC^3上の写像は縁がある)。ところが、B^3は部分的には開集合とみなせる[注12]ので、対応するC^3上の像$f(B^3)$は開集合でもある(図3－16のC^3上の写像は縁がない)。

●つまり、$f(B^3)$はC^3上の部分集合として、開かつ閉集合[注13]である。すなわち、空集合か、C^3全体と一致するかのいずれかである。だが、

注9　前節・準備4の計算で示した部分です。

注10　前節・準備6のメモ4で、コンパクトの定義をしました。共役点という終点があるので有界な位相空間といえます。

注11　前節・準備6のメモ3の、「境界そのものには境界がない」ことです。

注12　地球表面は閉じた球面であっても、部分的には平らな空間として見ることができることと同じです。

明らかに空集合ではない。

● B^3はコンパクトなのに対し、写像された先（$f(B^3)=C^3$）が非コンパクト[注14]なのは矛盾である。つまり仮定のどこかが間違いだった。したがって、（ii）が成立しない、と結論できる。（証明終）

このようにして、測地線が無限に続くと考えてはいけないことを結論したのです。

最後の写像の対応に矛盾が生じる部分は、地球の地図をつくることをイメージするとよいでしょう。球面上のすべての点を、平面地図に対応させることはできません。図3－17では、南極点を接地させて地球面の各点を平面に対応させようとしていますが、北極点を対応させて描くことはできません。したがって北極点をくりぬいた形で地図を描くことになります。特異点定理の証明でも、時空にくりぬかれた点を考えないと、矛盾が生じてしまいますよ、という主張をしているのです。

普通の物質がみたすエネルギー条件を考えるだけで、重力崩壊によって特異

注13　前節・準備6のメモ2にて、「開かつ閉集合」を定義しています。

注14　コーシー面は時空全体の初期条件を与える超曲面なので無限に大きく非コンパクトといえます。現実的には、漸近的平坦性をもつ時空を考えます。

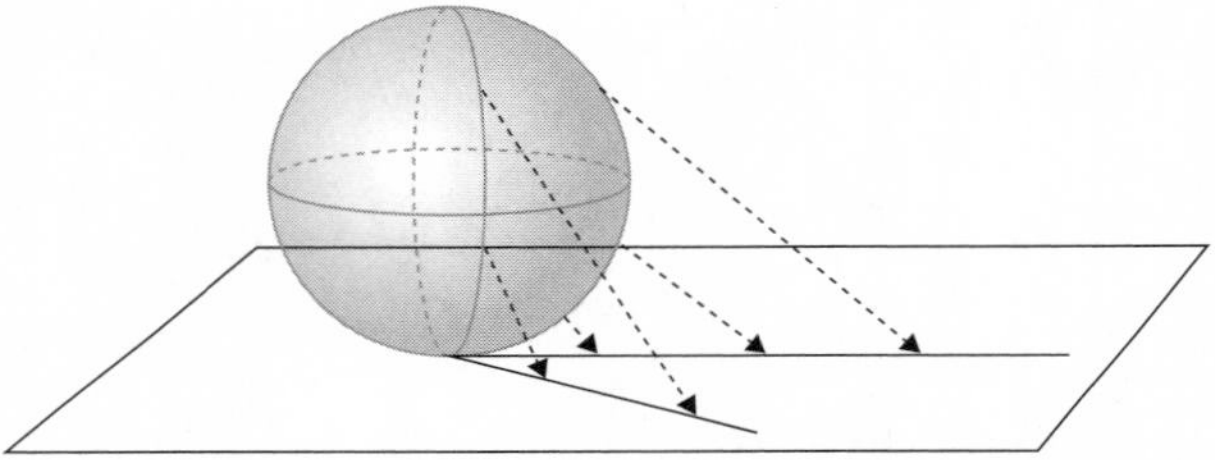

図3-17　球面上のすべての点を平面に対応させることはできない
南極点が接した平面上に投影させて地図をつくろうとすると、北極点はくり抜く必要がある

点発生が証明できてしまうことは、それまでの研究の流れを大きく変えました。一般相対性理論が導き出す結論が、一般相対性理論を破綻させる特異点を含有している、という事実は、とても奇妙です。この点をどう解釈したらよいのか、については、本書では最終章で考えていきたいと思います。

先に述べたように、特異点定理は、どういうエネルギー条件を与えるか、どういう時空を仮定するか、どれだけ強い重力を設定するか、という3つの前提条件の組み合わせから始まります。1965年の定理で使われた「コーシー面の存在する時空（大域的に双曲的）」という設定は強いものです。のちにこの部分は、「時空が閉じているとき（時空がコンパクトであるとき）」、あるいは「因果律が成立しているとき」という少し緩い条件のもとでも証明がなされていくことになりました。

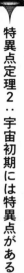

特異点定理２：宇宙初期には特異点がある

ここまでの特異点定理は、重力崩壊に関するものでした。しかし特異点の存在は、宇宙の初期についても、同じ方法で証明することができます。ここから、ホーキングの名前が論文の共著者に加わります。

特異点定理２ａ：ペンローズ・ホーキング（１９６９年）

次の３つの条件が同時に成立している時空ならば、すべての過去向きの時間的測地線は完備ではない。

（１）強いエネルギー条件が成立している
（２）時空にコーシー面が存在している
（３）宇宙が過去向きに収縮している（未来に向かって膨張している）

条件（２）を次のように緩く差し替えると、測地線が「少なくとも１つは特異」という結論に変わります。

特異点定理2b：ペンローズ・ホーキング（1970年）

次の3つの条件が同時に成立している時空ならば、特異となる測地線が少なくとも1つ存在する。

（1）強いエネルギー条件が成立している
（2）因果律が時空全体で成立している（クロノロジー条件）
（3）宇宙が過去向きに収縮している（未来に向かって膨張している）

どちらの定理も、膨張宇宙のはじまりは特異となっていることを主張しています。ビッグバン宇宙モデルが確立していることを知っている現代の我々は、宇宙のはじまりを記述する理論には、一般相対性理論と量子理論を融合した量子重力理論と呼ばれるものが必要になってくることを知っていますが、まだ量子重力理論は未完成です。

2020年のノーベル物理学賞

2020年のノーベル物理学賞は、ブラックホール研究の業績に対してペンローズ、ゲンツェル、ゲズの3氏に贈られました。ゲンツェルとゲズは天文観測の業績で、贈賞理由は「天の川銀河の中心に超大質量なコンパクト天体を発見したことに対して」、ペンローズは、1965年の特異点定理を引用する形で、「ブラックホール形成が一般相対性理論におけるごく自然な帰結となることの発見に対して[注15]」という贈賞理由でした。

しかしここまで見てきたように、この特異点定理はあくまでも、特異点が重力崩壊で自然に発生する、ということを述べているものであって、ブラックホールが形成される、という主張ではありません。実際、特異点の存在とブラックホール形成がリンクするのかどうかは、未解決問題です（それが次章で扱う宇宙検閲官仮説のテーマです）。

スウェーデン王立科学アカデミーが発表したペンローズへの贈賞理由に、私は少し違和感をおぼえましたが、ペンローズの受賞は大変うれしく思いました。なにしろ、純粋数学の分野に初めてのノーベル賞が授与されたので

注15　原文は『for the discovery that black hole formation is a robust prediction of the general theory of relativity』。「robust」という単語は、辞書には「強靱な、頑丈な」とありますが、研究分野では「多少のゆらぎは問題とならない」という意味で使われます。ここでは、ブラックホール形成は特殊なものではなく一般的に発生する、という意味になるので、「自然な帰結」と訳しました。

す。実験や観測などの実証的研究を重視してきた選考委員会が、数理科学分野にも扉を開けた、と感じました。

特異点定理のほかにも、ペンローズには彼の名前がつく業績が多々あります。すぐに思いつくだけでも、無限遠の領域を含めて時空を扱うために座標変換して得られるペンローズ時空図（図2-3）、4次元時空を空間+時間と分解せずに光の進行方向を基準にして扱うニューマン・ペンローズ形式、回転するブラックホールからエネルギーを取り出すペンローズ過程、そして名前は冠されていませんが、ループ量子重力理論に引き継がれたスピンネットワーク、さらには一般相対性理論と量子論を統合する可能性をもつツイスター理論なども、ペンローズの創始した理論です。

「アインシュタイン以降、相対性理論の研究でもっとも貢献した3名を挙げよ」という問いかけがあったとしたら、相対性理論の研究者なら、答えは「ロジャー・ペンローズ、ロジャー・ペンローズ、ロジャー・ペンローズ」となる、というまことしやかなジョークもあります。

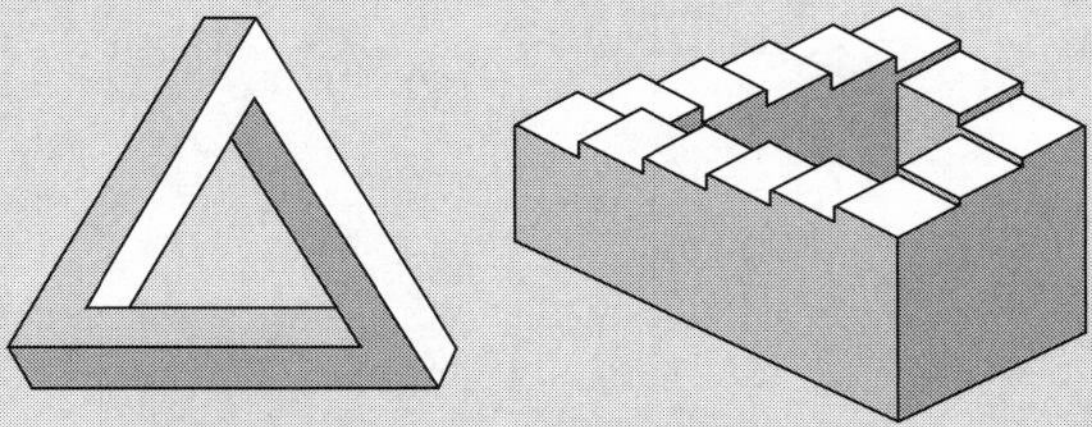

図3-18　不可能な三角形（左）**と不可能な階段**（右）
どちらもペンローズ親子が1958年に発表した不可能図形

コラム　ペンローズとエッシャー

画家のエッシャー（１８９８〜１９７２）は、実現不可能な立体を描いた錯視絵や、無限を想像させる繰り返し図形の作品で知られています。ペンローズはエッシャーと交流があり、互いに影響を与えあっていました。エッシャーの作品（おそらく１９５３年作の『Relativity（相対性）』と題されたもの）に刺激を受けたペンローズは１９５８年に、部分的に見れば可能だが全体ではありえない図形の例として図３-18左のような「不可能な三角形」を英国心理学会誌に発表します[参18]。論文は精神医学者であった父親との共著でした。ペンローズはまた、図３-18右のような「不可能な階段」も考案し、エッシャーは１９６０年にこの図を採り入れた作品『上昇と下降（Ascending and Descending）』を発表しています。

エッシャーは、鳥や魚など数種類の図柄を組み合わせて平面を埋め尽くすような作品も多く発表しています。彼の下絵をみると、正多面体で埋めた平面を（ときには拡大縮小して）初めに描いており、周期的な図柄をもとにしていたことがわかります。

このような「タイリング」に興味をもったペンローズは、非周期的に平面を埋め尽くすことができる図形を考えました。（エッシャーの没後になってしまいますが）１９７３年に、それが６種のタイルで実現可能なことを見出します。翌年には４種で、さらにはたった２種類の図形で可能なことを発表しました。

図３－19上が、その２種類の例です。72度と１０８度の内角をもつ菱形を２つに分割したもので、鋭角から引いた対角線の長さを黄金比で分割した点（１と$\phi=(1+\sqrt{5})/2=1.618\cdots$で内分した点）から、鈍角の頂点に引いた線で分けています。この２つの図形には「たこ（kite）」と「矢じり（arrow）」というニックネームがついています。面積比もϕになり、平面を埋めてタイリングするときに必要な枚数比もϕとなります（大きな「たこ」のほうが多く必要となります）。

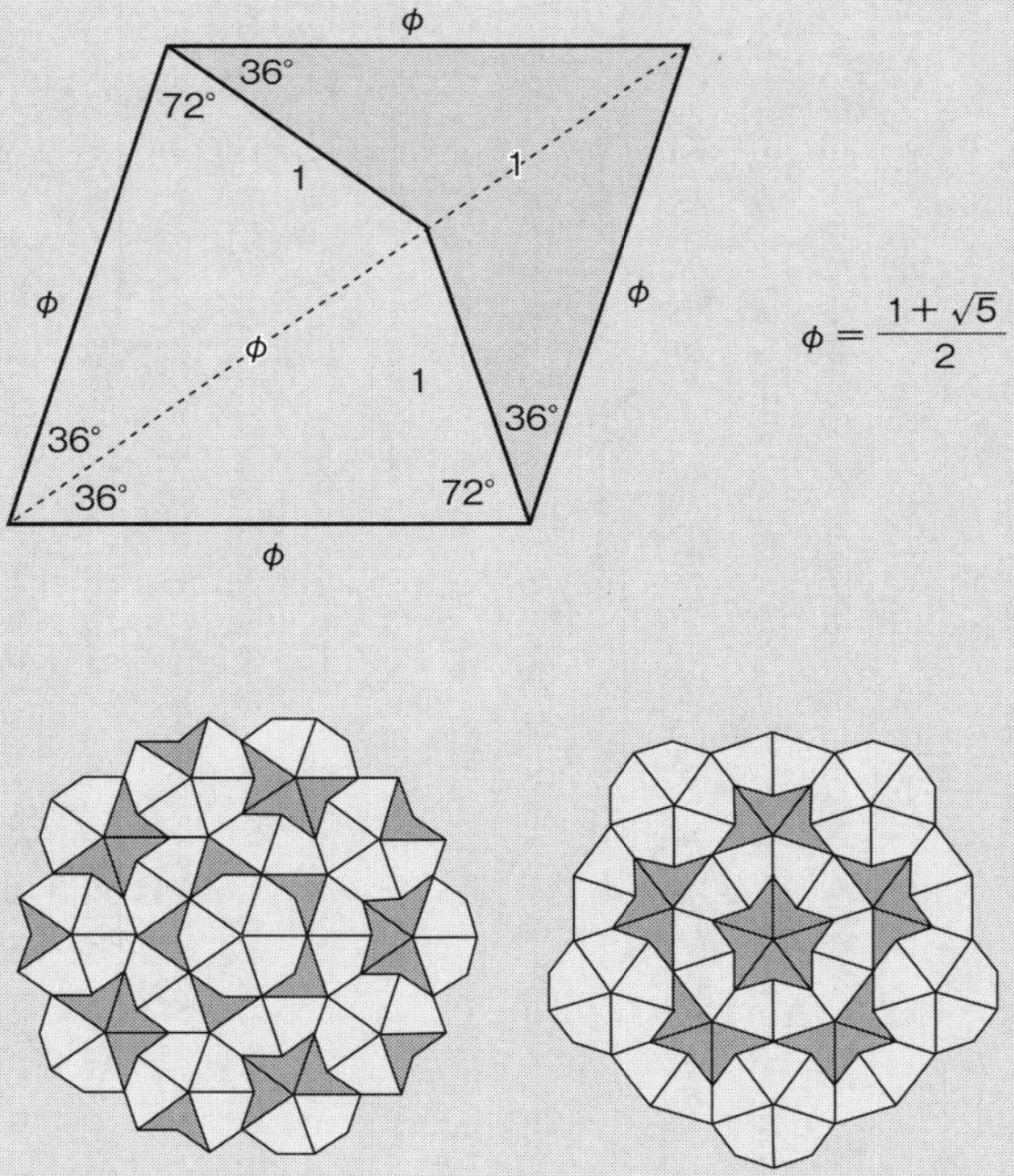

図3-19　非周期タイリングを実現する2種類の図形
上：菱形の対角線を黄金比で内分した点から、鈍角に引いた線で2分した「たこ」と「矢じり」
下：タイリングの例。中央部の形から「太陽」と「星」と呼ばれるもの

図3－19下の2点は、タイリングの例です。見慣れてくると、中心から正五角形が相似となって見えてきます。通常の周期的なタイリングは、三角形・四角形・六角形を使えば平面を埋め尽くすことができますが、五角形ではできません。しかし、ペンローズ・タイリングは、無理数である黄金比を用いたために非周期性をもち、5回対称性ももっているのです。このようなタイリングは、商業的なものに簡単に転用される可能性もあることから、ペンローズは特許を英国・米国・日本で申請してから発表したそうです（特許は認められています）。

ペンローズのタイルは、１９８２年に、実際に結晶構造で発見されて話題になりました。イスラエルのシェヒトマンは、合成した物質が、正20面体で5回対称性をもつ結晶であることを発見しました。化学界は、「結晶（周期的な構造をもつもの）」と「アモルファス（結晶構造をもたないが長期的秩序があるもの）」の他に「準結晶（非周期的な構造をもつもの）」を定義し直すことになりました。シェヒトマンには、「準結晶の発見」により２０１１年にノーベル化学賞が贈られています。その少し前の２００７年には、イスラム建築の幾何学模様がペンローズタイルになっていることを解明した論文も出て話題になりました。

第4章 宇宙検閲官仮説

言い換えると、家の中で裸になることには目をつぶろうというのが弱い宇宙検閲官仮説であり、家の中でも裸になることは許されないのが強い宇宙検閲官仮説です。(本文より)

物理法則を考えるうえで、特異点の存在は厄介なものです。その点から先は、空間的にも時間的にも、計算することができなくなるからです。しかし、特異点定理は、普通のエネルギー条件をみたす物質であれば、一般相対性理論を考えるかぎり、きわめて一般的に特異点が存在することを示しています。私たちはどう考えたらよいのでしょうか。

ペンローズとホーキングが示した特異点は、重力崩壊によって発生する特異点と、宇宙初期に存在したはずの特異点の2つです。このうち後者の宇宙初期の特異点については、私たちが宇宙の始まる瞬間を描く物理理論を完成させれば、すなわち、一般相対性理論と量子論を融合した量子重力理論が完成すれば、解決するかもしれません。現実に私たちは膨張する宇宙に存在しているのですから、何らかの解決策があるはずです。特異点の定義も、エネルギー条件も変更されて、宇宙初期特異点について悩まずに済むことが期待されます。

しかし、前者の特異点については、いまだに解決のめどはたっていません。そこで本章では、重力崩壊によって生じる特異点について、ペンローズ自身が提案した「宇宙検閲官仮説」と、それに関連する研究を紹介しながら考えていきます。ここでいう「仮説」とは、証明されたものではなく、こうなっているのではないか、と予想されるという意味です。願望と言ってもよいかもしれません。どこまでこの仮説が成り立つのかが、研究テーマにもなっています。

4-1 裸の特異点と宇宙検閲官仮説

裸の特異点

特異点定理を発表したペンローズ自身、この定理の数学的な事実と、現実の物理現象が整合する説明方法を数年間模索していました。巨大な星が重力崩壊して、電子の反発力で支えられず（白色矮星となれず）、中性子の反発力で支えられず（中性子星となれず）、さらに潰れ続けるのならば、支えるものがなく一点に無限大の質量が蓄積する時空特異点が出現する時空になってしまいます。そうなると、そこから先の未来については、物理法則は予言能力を失います。

もし、時空特異点が生じても、それがブラックホール地平面の内側での話であれば、外側の世界には影響が出ません。しかし、アインシュタイン方程式の解として得られる時空では、特異点があって、しかも地平面が存在しない解も「数学的に」得られているのです。

たとえば、回転するブラックホール解を表すカー解（➡79ページ 数式6）は、回転パラメータaが質量パラメータmよりも大きいと（次元の違う量を比較していますが、64ページ数式4の幾何学的単位系を用いています）、事象の地平面が消滅します。

また、カー解が発見された直後に報告された、帯電した回転ブラックホール解（カー・ニューマン解）でも、ブラックホールのもつ電荷がある限界値を超えると、事象の地平面は存在せず、特異点が外から見えるようになります注1。実際の宇宙ではプラスとマイナスの電荷が同数ですので電気的に偏ったブラックホールが存在することは考えづらいのですが、数学的には正しい議論です。

さらに、シュヴァルツシルト解が発見された直後には、歪みをもたせたワイル解がワイルによって発見され、さらに冨松《とみまつ》彰《あきら》（名古屋大学名誉教授）と佐藤《さとう》文隆《ふみたか》（京都大学名誉教授）によって、歪みと回転を両方もたせた冨松・佐藤解が発見されました（1973年）。ワイル解も冨松・佐藤解も時空特異点を持ちますが、地平面はありません。いわば特異点が地平面に隠されずに直接見えてしまう構造になっています。

このようにブラックホール内部に隠されない特異点を、ペンローズは**裸の特異点**（naked singularity）と呼びました。英語で裸を意味する言葉は、「nude」と「naked」の2つがありますが、nudeには「みずから見せる裸」、nakedには「思わ

注1 **専門用語補足**▷ブラックホールの質量をM、電荷をQ、角運動量をJとすると、$(J/M)^2+Q^2<M^2$の場合には事象の地平面が存在しますが、$(J/M)^2+Q^2>M^2$の場合には存在しません。

ず見られてしまう裸」というニュアンスがあるそうです。思いもかけず見えてしまう特異点という感じですね。これらの裸の特異点の例は厳密解のレベルであるものの、現実の物理的な時間発展で回避できれば、それに越したことはありません。

宇宙検閲官仮説

ペンローズは、裸の特異点出現問題の現実的な解決方法として、**宇宙検閲官仮説**（cosmic censorship conjecture）という次のような魅力的なアイデアを披露しました[参19]。

弱い宇宙検閲官仮説：ペンローズ（1969年）

- 重力崩壊でできる時空特異点は、ブラックホールの内側に必ず隠される。
- （より具体的には）現実的な物質が、物理的に適当な初期条件から重力崩壊するとき、発生する特異点は、ブラックホールの中に隠され、遠方の観測者はそれを見ることができない。
- （簡単に書くと）裸の特異点は、見えてはならない。

厳密には、ペンローズは論文で、次のような問いかけをしています。

〈裸の特異点の出現を禁止し、絶対的な事象の地平面で覆い隠していくような宇宙検閲官は存在するのだろうか？〉

「検閲」という言葉は英語ではcensorshipです。アメリカのテレビでは、子供に見せてよい番組・13歳以上なら親の許可のもとに見せてよい番組……などなど、性や暴力の描写に対して厳しいガイドラインがついていますが、censorshipという英語は、女性の裸が見えそうになると、その部分を隠すときに使われる単語です。ペンローズのアイデアは、宇宙のどこかに検閲官がいて、裸の特異点が出現しそうになると、事象の地平面という衣服で覆い隠す役割をしている、というものです[注2]。

ペンローズは、自然界には特異点の出現を防ぐメカニズムがあるにちがいない、裸の特異点の露出は宇宙に検閲官がいて禁止するのだ、と予想しました。なかなか粋なネーミングです。日本の諺《ことわざ》でいう「臭いものにフタをする」発想とも言えますが、物理法則の整合性を優先する、という姿勢です。

さらに、ペンローズは次のバージョンの宇宙検閲官仮説も提案しています[参20]。

注2　よく「宇宙検閲仮説」とも訳されているようですが、ペンローズの当初の論文では、「who」という人称代名詞を使って説明しているので、「宇宙検閲官仮説」とするのが正しいでしょう。

強い宇宙検閲官仮説：ペンローズ（1979年）

・現実的な時空の時間発展では、特異点の発生はなく、大域的双曲性をもつ。
・（より具体的には）現実的な物質が、物理的に適当な初期条件から時間発展するとき、特異点は、遠方の観測者のみならず、ブラックホールに落ちた観測者からも見えてはならない。
・（簡単に書くと）裸の特異点は、存在しない。

「大域的双曲性をもつ」とは、初期値（コーシー超曲面）を設定すればその後の時間発展がすべて決まる、ということでした（⇒３－２節の準備２）。初期条件を設定して、特異点の影響が及んでくる領域までは、アインシュタイン方程式は当然ながら将来を決定する方程式になっています。特異点が影響してアインシュタイン方程式が予知能力をなくすとき、その時空の境界を「**コーシー地平面**（Cauchy horizon）」といいます。初期条件に対する因果的領域の境界です。

強い宇宙検閲官仮説でペンローズが期待したのは、一般相対性理論の描く時空では初期値問題がいつまでも解けることでした。特異点が発生して時間発展に悪さをしようとしてもできないはずだ、と考え、「コーシー地平面はできたとしても不安定で、すぐに消滅する」ことを期待したのです。「コーシー地平面は数学上の概念に過ぎず、現実の時空には実在しない」、あるいは「特異点のある時空は現実の時空とは切り裂かれていて、コーシー地平面の先を考えることは原理的に意味がない」とも考えました。この点に関しては、のちほど、コーシー地平面の安定性に関する研究を紹介します。

また、時空特異点の広がりを空間的・光的・時間的の3つに分類したとき、特異点の広がりが空間的ならば、因果的に悪さをしない可能性が考えられます。特異点が時空の端になっていれば問題は生じないとも考えられるからです。特異点の形状や位置は、アインシュタイン方程式を解いてその解を調べなければわかりません。シュヴァルツシルト解の原点にある特異点は、ペンローズ時空図（図2-3）で「空間的」であることがわかります（特異点のある座標は原点なので、見た目は「広がっていない」のですが、特異点の因果構造への影響を考えると、ペンローズ時空図では空間的に広がっていることがわかります）。したがって、原点に到達してはじめて特異点の影響を受けることになり、しかもこの特異点は周囲の領域に因果的に影響を及ぼさないので（未来向き光円錐をつくってもそれが影響する範囲はない）、空間的な特異点は、物理法則を継続させるという点では「悪者」ではありません。

しかし、もし特異点が時間的あるいは光的に広がっているのなら、その特異点の因果的な影響が周囲の時空に及び、特異点に到達していなくても「物理法則が予測不可能」になってしまう可能性があります。そこで、「強い宇宙検閲官仮説」は、

・時空特異点は空間的に広がっていて、その特異点に到達するまでは、たとえばブラックホールの内部であっても特異点の影響を受けない。

と表現されることもあります。

ペンローズの提案を短くまとめると、弱い宇宙検閲官仮説は「ブラックホールの外にいる観測者は時空特異点の影響を受けない」というもので、強い宇宙検閲官仮説は、より強く、「ブラックホールの内部であっても、その特異点に到達するまでは特異点の影響を受けない」とするものです。言い換えると、家の中で裸になることには目をつぶろうというのが弱い宇宙検閲官仮説であり、家の中でも裸になることは許されないのが強い宇宙検閲官仮説です。

一般相対性理論に関するペンローズの業績を見ると、他の人が思いもつかないような数学的な技術開発を次々と発表していますので、私としては、ペンローズは「数学屋さん」と思っています。しかし、宇宙検閲官仮説の提唱は「物理屋さん」的な発想です。いずれにしても彼の柔軟な思考を感じ取れるアイデアであることは確かです。宇宙検閲官仮説は、特異点の取り扱いに対す

る難しさを解決するものではありませんが、とても面白い発想です。

4-2 弱い宇宙検閲官仮説をめぐって

宇宙検閲官仮説は、証明されているものではありません。厳密に定義された命題でもありません。現在でも未解決で、この仮説がどこまで正しいのかが研究テーマとして議論されています。そして、相対性理論研究をさまざまな方向に広げることにも貢献しました。以下では、この仮説の検証を目的とした研究と、そこから派生した研究の進展について紹介していくことにします。

厳密解に登場する裸の特異点をどう考えるか

表4-1に、よく耳にするアインシュタイン方程式の厳密解の性質をまとめました。ここに挙げたすべての解は特異点定理の条件をみたすので、時空特異点を含んでいます。また、事象の地平面をもつことが、ブラックホールの定義になりますので、カー・ニューマン解まではブラックホール解であり、ワイル解と冨松・佐藤解はブラックホール解とは言われません。

解	回転	電荷	歪み	時空特異点	事象の地平面
シュヴァルツシルト	なし	なし	なし	空間的	あり
ライスナー・ノルドシュトロム	なし	あり	なし	時間的	あり（電荷が質量を超えると消失）
カー	あり	なし	なし	時間的	あり（角運動量が質量を超えると消失）
カー・ニューマン	あり	あり	なし	時間的	あり（角運動量・電荷が質量を超えると消失）
ワイル	なし	なし	あり	空間的	なし
冨松・佐藤	あり	なし	あり	空間的	なし

表4-1　厳密解がもつ特異点
カー・ニューマン解まではブラックホール解。ワイル解と冨松・佐藤解は事象の地平面を持たないので、ブラックホール解とは言われない

電荷をもったブラックホール解では、帯電する電荷の大きさが質量項より大きな値になると、裸の特異点が出現する解になります。宇宙検閲官仮説が正しければ、このような状態にはなりません。つまり、ブラックホールの持ちうる電荷の大きさにも上限値が存在すると考えられます。

回転するブラックホール解（カー解）では、角運動量が質量項より大きな値になると裸の特異点が出現する解になります。宇宙検閲官仮説が正しければ、このような状態にはなりません。つまり、ブラックホールの回転の大きさには上限値が存在すると考えられます。

歪んだ形状の重力源によるワイル解や冨松・佐藤解は、解そのものに裸の特異点が含まれます。宇宙検閲官仮説が正しければ、このような

時空は存在しないと考えられます。

このように、「物理屋さん的な思考」で、現実のブラックホールのパラメータに制限をつけられることになります。

なお、ライスナー・ノルドシュトロム解やカー解では、事象の地平面の内側に内部地平面があり、さらにその内側に特異点が存在することが知られています。これらの特異点は時間的であり、強い宇宙検閲官仮説は破れます。

弱い宇宙検閲官仮説の破れ1：球対称重力崩壊

宇宙検閲官仮説が提起する問題は、時間とともに進展する時空で特異点が見えるのかどうか、ということですから、定常なブラックホール解を使って議論することはできません。そこで、時空の対称性を球対称なものに限り（時間座標と動径座標のみを変数とする計量に限定し）、重力崩壊のふるまいを明らかにしようとする研究がまず進みました。

宇宙検閲官仮説が提案されるずっと以前に、第2章でも登場したオッペンハイマーとスナイダーによる重力崩壊の計算がありました。彼らは、重力で潰れていく星を考えると、強い重力場が形成されて、重力で切り離された領域ができることを1939年に報告しています[参8]。「切り離された領域」とは、外部と連絡がとれなくなるという意味で使われました。星へ落下する宇宙飛行士が毎秒ＳＯＳ信号を地球に向けて送信したとしても、しだいにその信号は星から抜け出すのに時間がかかるようになり、遠方の観測者へ届く間隔が広がって、ついに遠方には情報が届かなくなります（落下している宇宙飛行士は星に呑み込まれるまで信号を出していることに変わりはありません）。まだブラックホールという概念がなかったときに行われた先駆的な研究です。

しかし、彼らは「星」をモデルにしたものの、問題を簡単にするために、圧力を無視できる「ダスト」と呼ばれる仮想的な物質を扱っていました。質量だけをもつ「ほこり」、水分をまったく含まない浮遊する灰のような物質を想定したことになります。重力崩壊では、圧力（正確には圧力勾配）よりも重力のほうが圧倒的に大きくなるので、圧力をゼロとすることは悪い近似ではないのですが、この設定は非現実的なものとして、よく批判されます。

オッペンハイマーとスナイダーのモデルでは、最終的にはシュヴァルツシルト・ブラックホールが形成されることになります。ですから、密度が無限大に増大する中心部分は、時空特異点になり、その特異点は空間的に広がっているものと考えられます（図４－１ⓐ）。

ダストの分布が一様ではなく、密度分布が中心からの距離に比例するような非一様な場合を含めた解析もなされました。実はオッペンハイマーとスナイダーの報告よりも6年早く、ルメートル（１９３３年）、トールマン（１９３４年）、ボンディ（１９３７年）の３名が独立に発見していた解があります。頭文字をとって、「ＬＴＢ解」と呼ぶことにします。

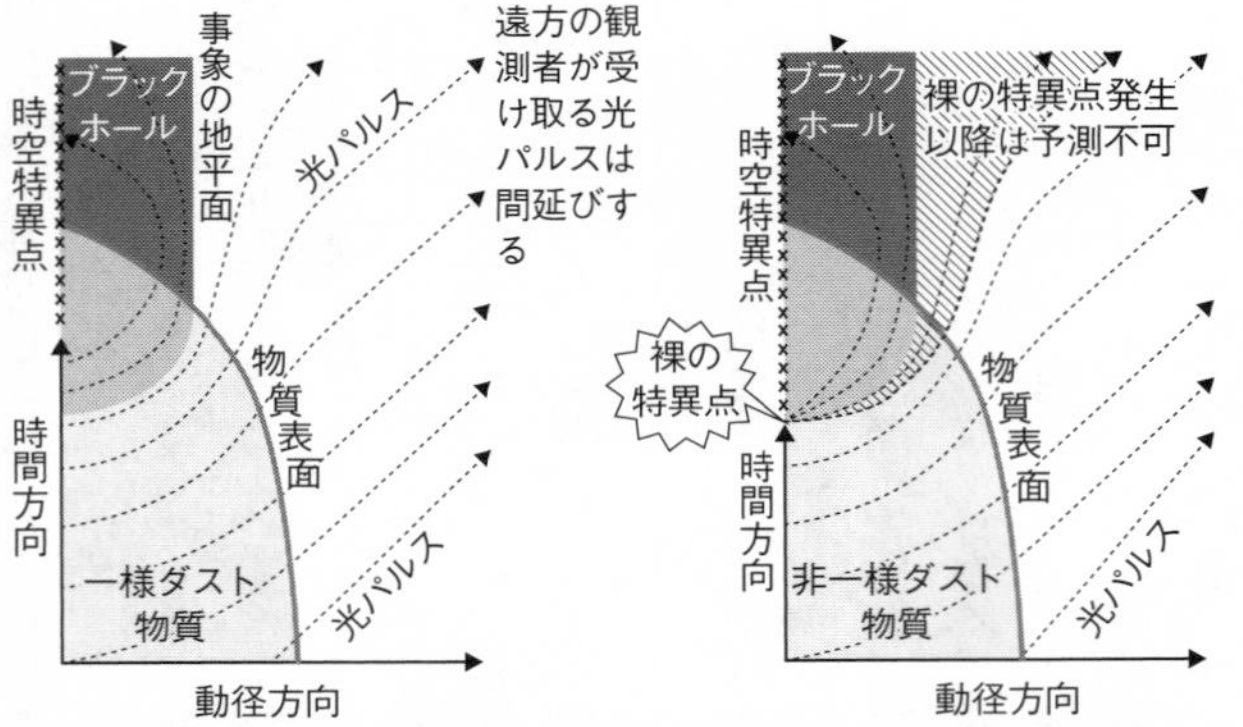

(a) **一様ダスト物質の重力崩壊**
（オッペンハイマー・スナイダー解）

(b) **非一様ダスト物質の重力崩壊で裸の特異点が発生**
（ルメートル・トールマン・ボンディ解）

図4-1　圧力のない物質（ダスト物質）が球対称に重力崩壊するときの時間発展の様子

(a)：一様なダストでできている星の重力崩壊（オッペンハイマー・スナイダー解）では、事象の地平面が形成された内側に特異点（空間的に広がる特異点）が発生する
(b)：非一様なダストを考えるLTB解では、裸の特異点（光的方向に広がる特異点）が形成される場合がある。ひとたび裸の特異点が発生すると、その点から因果関係をもちうる領域は予測不可となる

ＬＴＢ解では、パラメータのとり方によっては裸の特異点が発生する場合があります（図４-１(b)）。このようなＬＴＢ解と、オッペンハイマーとスナイダーの解の定性的な違いを明らかにしたのは、アードレイとスマーの１９７９年の報告です[参21]。

これについて、時間・空間座標で描いた図４-１と、ペンローズ時空図の形式で描いた図４-２の２つで理解してみることにしましょう。ペンローズ時空図については、第2章の2－2でシュヴァルツシルト時空全体を描くことを例として触れました（→図2－3）。無限遠方までを含めて時空の因果的な関係を理解できることが特徴でした。

ペンローズ時空図で重力崩壊の様子を見ると、特異点の広がり具合もわかります。非一様なダストの場合には、光的な特異点が発生し、それらが物理法則による時間発展予測を困難にすることがわかります。すなわち、コーシー地平面が存在する場合があるわけです。ただし、コーシー地平面がブラックホール（事象の地平面の内側）の内側に発生するとき（図4－2(b)）と、外側に発生するとき（図4－2(c)）の両方の場合があり、後者が裸の特異点発生の例となることがわかります。

裸の特異点の発生例は、弱い宇宙検閲官仮説が破れていることを示しています。少なくとも、「非一様ダスト物質」の「球対称重力崩壊」では、弱い宇宙検閲官仮説は成立しないことになります。

その後、もう少し一般的な物質としてクリストドウロウが、「スカラー場」という時空の各点で大きさのみをもつ単純化された物質を考え、「球対称重力崩壊」の厳密な数学的研究を1986年から1999年にかけて行っています[参22]。彼は、漸近的に平坦で裸の特異点を持つ解が存在することと、地平面の発生地点が特異になる解の存在を示しました。前者の特異点は、「ゼロ割り」の度合いは強くはありませんが、弱い宇宙検閲官仮説の破れを示しています。後者の点の

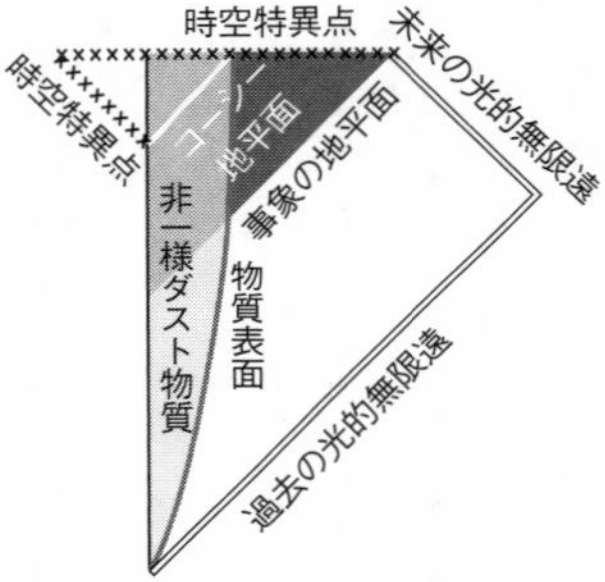

(b) 非一様ダスト物質の重力崩壊で
裸の特異点が発生しないとき
（ルメートル・トールマン・ボンディ解）

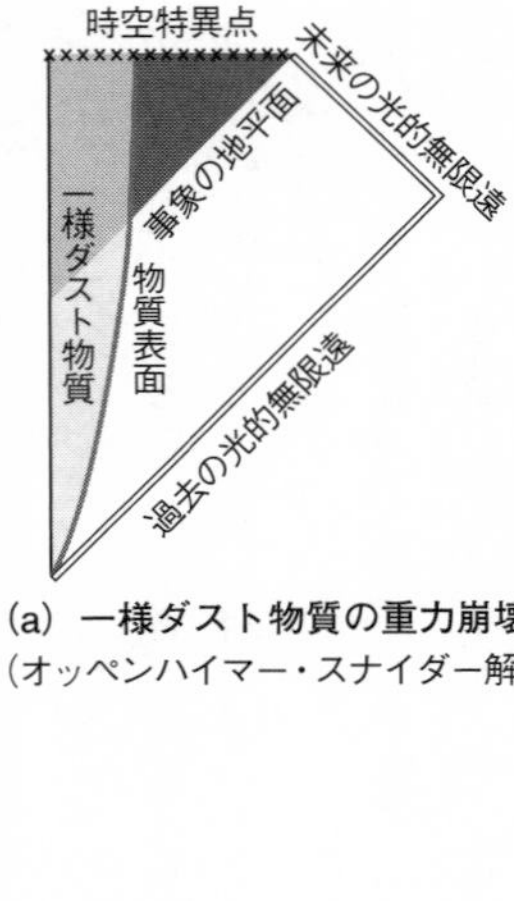

(a) 一様ダスト物質の重力崩壊
（オッペンハイマー・スナイダー解）

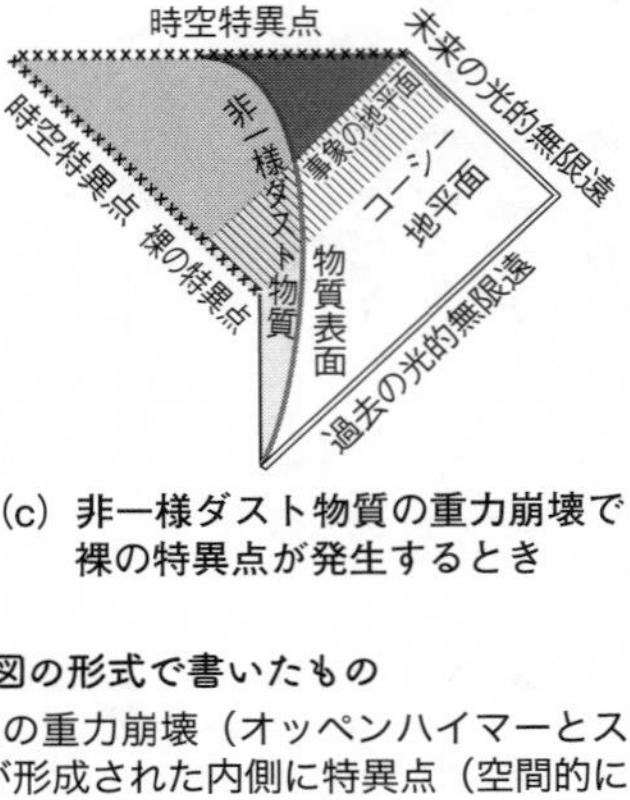

(c) 非一様ダスト物質の重力崩壊で
裸の特異点が発生するとき

図4-2　図4-1をペンローズ時空図の形式で書いたもの

(a)：一様なダストでできている星の重力崩壊（オッペンハイマーとスナイダー解）では、事象の地平面が形成された内側に特異点（空間的に広がる特異点）が発生する
(b)：非一様なダストを考えると、特異点が事象の地平面内に形成されるときと、(c) 裸の特異点（光的方向に広がる特異点）が形成される場合がある
ペンローズ時空図では、コーシー地平面や特異点の構造も明らかになる

特異性は、小さなゆらぎに対して不安定で、宇宙検閲官仮説が成り立つと言えることを示しています。

また、圧力のある完全流体に対しても調べられていて、圧力が小さければ裸の特異点の形成は避けられず、弱い宇宙検閲官仮説は成立しないこともわかっています[参24]。

ブラックホール形成条件：フープ仮説

1972年にソーンは、ブラックホールが形成される条件として、十分に物質（星）が小さくまとまっていなければならない、という「フープ仮説」を提唱しました[参25]。茶筒のような細長い対称性（円筒対称性）での重力崩壊を計算していたソーンは、そのような特殊な対称性では、特異点も軸上に細長く発生することに気がつきます。そして、ブラックホールの地平面ができるためには、ある程度のコンパクトさが必要で、それは、物質の広がりが、フラフープのような輪の中に（あらゆる方向に輪を回しても）おさまるかどうかで決まるのではないか、と予想したのです（図4-3）。

しかし、ソーンの仮説は曖昧で、どのような質量を基準にするのか、どのような座標でフープの半径を決めるのかなど、肝心なことは明言していません。本人の著作[参10]でも「直観で思いついた」と記されています。ですが、もしソーンの直観が正しければ、物質の初期形状がかなり細

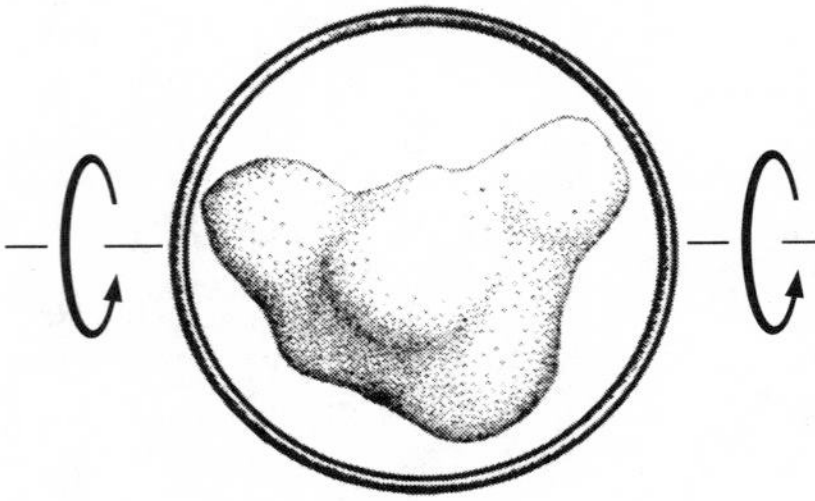

図4-3　フープ仮説
ソーンは、ブラックホールが形成されるためには物質が小さくまとまる必要がある、フラフープのような輪の中に（あらゆる方向に輪を回しても）入ることが条件ではないか、と提案した

長い場合にはブラックホール地平面が形成されず、裸の特異点が出現することになります。この仮説が正しいかどうかの判定にはスーパーコンピュータを使ったシミュレーションが必要となり、すぐには解決が見込めないことも明らかでした。

弱い宇宙検閲官仮説の破れ2：軸対称重力崩壊

コンピュータによるフープ仮説の検証が実現したのは、1990年代になってからでした。中村《なかむら》卓史《たかし》（京都大学名誉教授）は、シャピーロ、テューコルスキーとともに、いろいろな形状の物質分布を仮定し、ブラックホールができるかどうかの判定を試みました[参26]。彼らの計算は時間発展をせずに、物質を置いた瞬間だけの解析でしたが、それによって、あまりに細長く物質を分布させると、ブラックホールができないことがわかりました。

その解析から3年後、シャピーロとテューコルスキーの二人は、時間発展でブラックホールができるかどうかのシミュレーションを実現させ、細長い物質分布では、ブラックホールの地平面が形成されずに、裸の特異点（らしきもの）ができる傾向があることを報告したのです（参27）。ソーンのフープ仮説は大まかには正しいという結果でした。しかし、数値計算では特異点の出現を明確に示すことは難しく、時空の曲率がどんどん大きくなってコンピュータのシミュレーションが進まなくなることを示した計算だったので、さまざまな論点も指摘されました。一般相対性理論では時間座標の進み方も場所によって異なるので、裸の特異点の出現時刻も定かではなく、本当に裸かどうかが曖昧とされたのです。

それから20年後、別の興味から、私は大学院生の山田祐太君とこのシミュレーションを再現することにしました。私たちの興味は高次元時空でのブラックホール形成で、空間が4次元・時間が1次元の5次元時空での時間発展を調べていたのです。中村らの解析を5次元版でも行い、そしてシャピーロ・テューコルスキーの4次元のシミュレーションを再現して、5次元版のシミュレーションと比較しました。20年前にはスーパーコンピュータを必要とした計算が、ちょっと大きなパソコンで可能な時代になっていました。

計算の結果、5次元時空では、半径を基準とするフープではなく表面積を基準とするフープであれば、5次元ブラックホール形成の判定ができること、さらに、特異点の出現時刻も正確に積

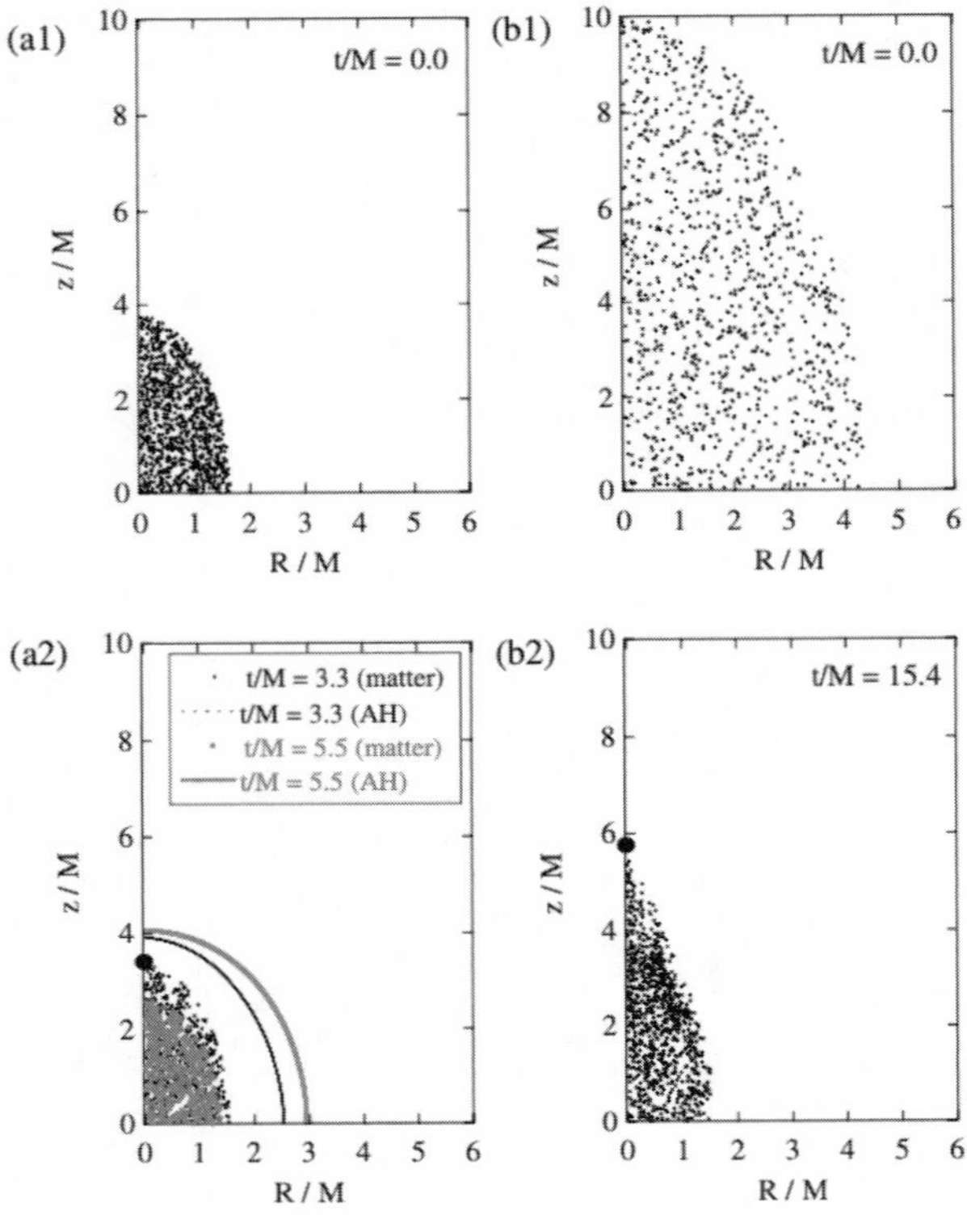

図4-4　筆者らのシミュレーション

細長いダスト物質を用意して（a1とb1）時間発展を行うと、もっとも曲率が大きくなる点は軸形状の端（黒丸）になり、初期の形状によって、ブラックホールが形成されるとき（a2）と、されないとき（b2）がある。後者は裸の特異点の出現といえる（参28より）

分して計算し、確かに特異点が「裸である」ことを明らかにしました[参28]。ちなみに、高次元になると、重力の伝播する自由度が大きくなることから、重力崩壊はより迅速になり、より球対称形状に進むことがわかりました。また、物質分布が極端に細長い場合には、ブラックホール地平面が形成されずに裸の特異点が出現する傾向も確かめられましたが、裸の特異点の形成条件そのものは、4次元のときよりも条件がきつい（できにくい）こともわかりました。

これらのシミュレーションで仮定された物質分布は、細長い葉巻の形状にダスト物質をまぶした特殊な分布です（図4－4）。現実の宇宙ではなかなかありえない物質形状とも考えられますが、少なくとも、宇宙検閲官仮説の特殊な場合の反例にはなります。

弱い宇宙検閲官仮説の破れ3：重力崩壊における臨界現象

宇宙検閲官仮説は、まったく新しい研究テーマも生み出しました。その一つが「重力崩壊における臨界現象」と呼ばれるものです。

いま私たちが注目しているのは、特異点が形成される際に、ブラックホールになっているのかいないのか、という点です。つまり、ブラックホールの形成条件がどうなっているのか、が問題です。

重力の影響を記述するアインシュタイン方程式は、非線形の微分方程式なのでなかなか手ごわく、一般的な答えがすぐには得られそうもありません。このような状況におかれると物理学者は、他の物理学で似たような問題の解決法がないか、類推で解くことができないか、と探ることがあります。

ことの始まりは、チョプツィックによる数値計算でした[参29]。彼は、球対称時空でスカラー場が引き起こす重力崩壊の問題について、クリストドウロウが示した特異点形成の限界値に興味を持ちました。そして、ブラックホールができるときとできないときの境界について、小さな領域をどんどん拡大していくような数値シミュレーション技法を用いて調べたのです。その結果、不思議な関係式が得られたことから、多くの研究者が似たような計算で同じ関係式を得ることになりました。あとから説明された理論によれば、これは、ブラックホールの形成を相転移現象の類推で説明していることだったのです。

相転移とは、氷（固体相）・水（液体相）・水蒸気（気体相）という水の状態変化や、磁性をもつ・もたない、結晶構造の変化など、物体の構造があるパラメータ（温度や圧力など）で変化することを指します。

相転移は2つに分けられ、相転移現象時に2つの相が共存するもの（氷と水、水と水蒸気は共存する状態があります）を1次相転移、共存しないものを2次相転移といいます[注3]。1次相転移は準安定状態をもつので、相転移のきっかけがないと、過冷却や過熱状態など、相転移点を越えても相転移を生じない場合があります。

たとえば、相を特徴づけるパラメータをpとして、pがある値$p=p^*$を境にして相転移が起きるとしましょう。1次相転移と2次相転移では、図4－5に示すような、パラメータの依存性があることが知られていて、とくに2次相転移の場合、特徴的なスケーリング則（次に示すパラメータの関係式）が存在することが知られていました。

チョプツィックはスカラー場の振幅や幅を変えながら、ブラックホールができる境界を探しました。そうしたところ、境界値付近ではパラメータのとり方によらず、時間発展の様子が同様のふるまいを見せること（自己相似的発展）と、

$$M \propto |p-p^*|^{\beta} \quad (\propto\text{は左右が比例していることを示す比例記号})$$

という不思議なスケーリング則があることを発見します。彼はスケーリング則として$\beta=0.37$の値がさまざまなpで得られたことを報告し、その理由は不明であると論文に書きました。その直後から、世界中の研究者がさまざまなモデルでこの結果を追試し、$\beta=0.37$が得られた・得られない、との報告が1年半ほど続きました。

注3　**専門用語補足**▷正確には自由エネルギーの連続性で分類されます。相転移点で自由エネルギーの1階微分が不連続なら1次相転移、2階微分が不連続なら2次相転移となります。順にn次相転移が定義できますが、実験的に区別できるのは、1次かそれ以外か、です。

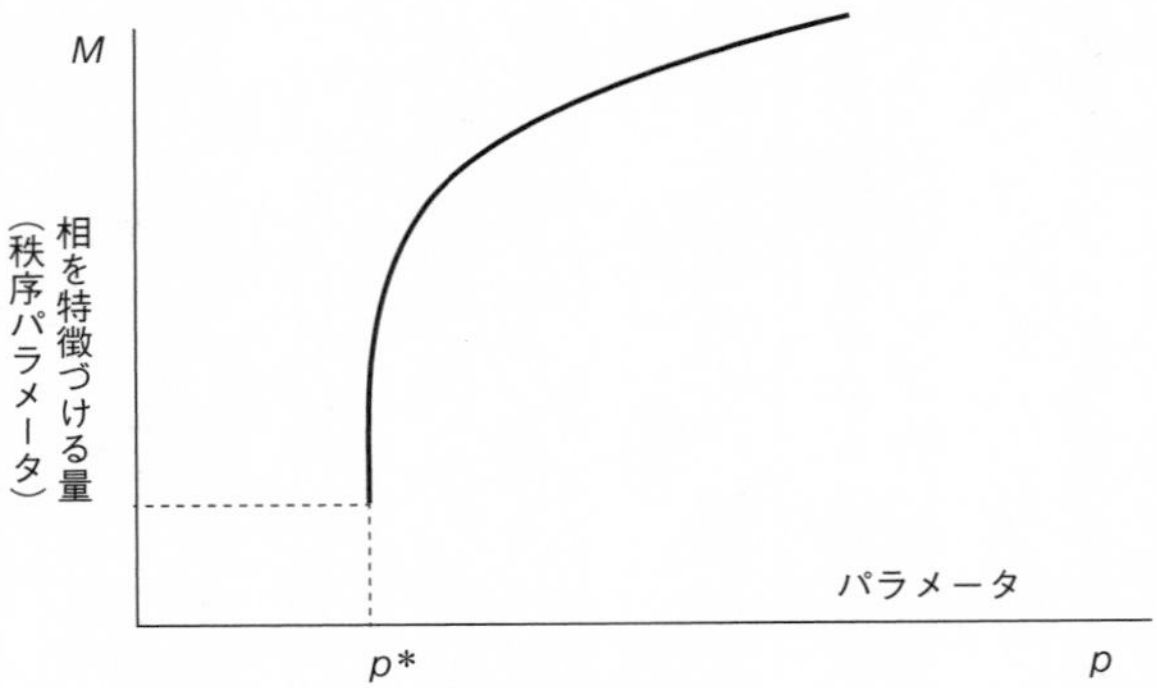

(a) 1次相転移

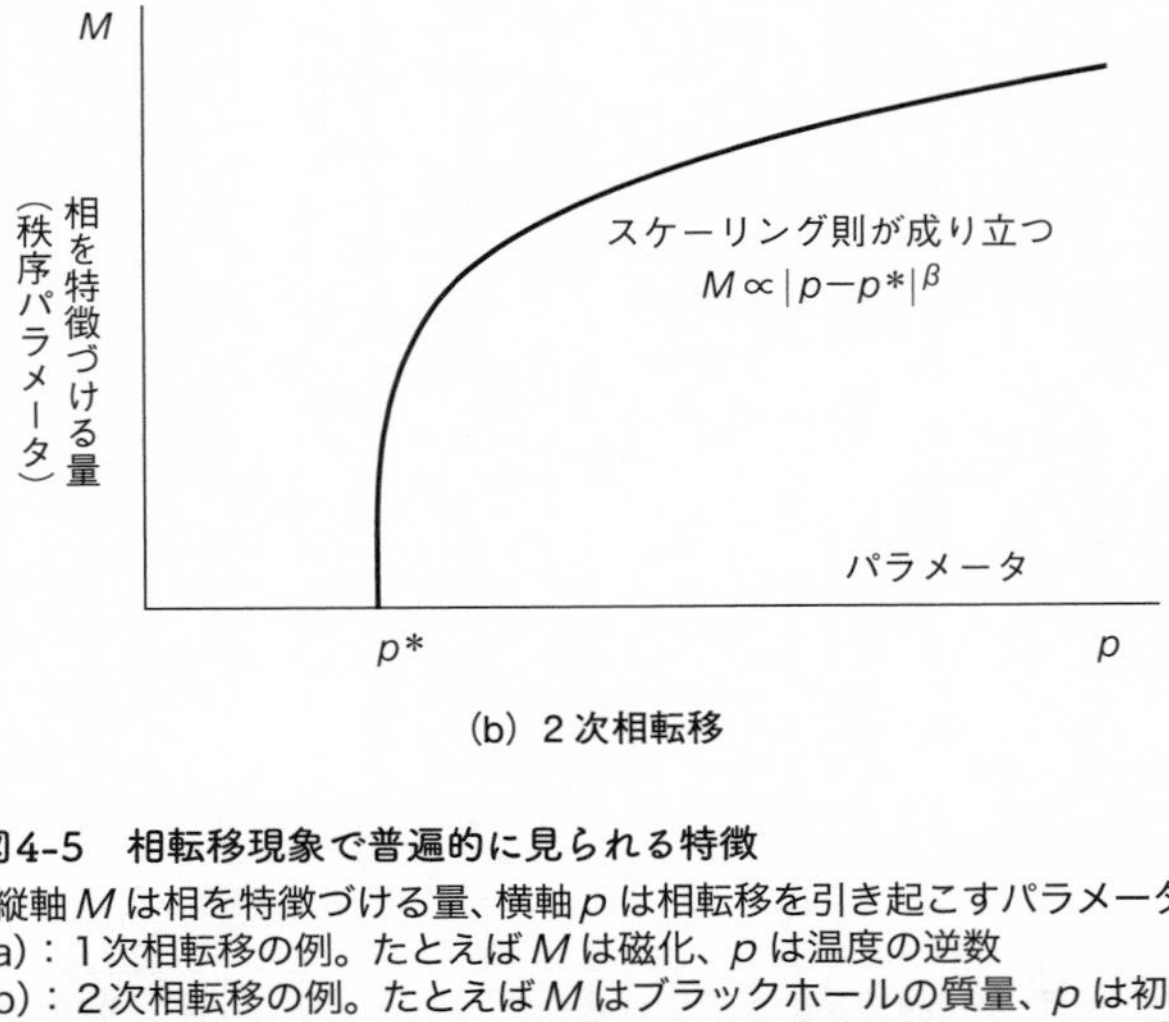

(b) 2次相転移

図4-5　相転移現象で普遍的に見られる特徴

（縦軸 M は相を特徴づける量、横軸 p は相転移を引き起こすパラメータ）
(a)：1次相転移の例。たとえば M は磁化、p は温度の逆数
(b)：2次相転移の例。たとえば M はブラックホールの質量、p は初期に与える質量密度の非一様度。2次相転移では特徴的なスケーリング則が成り立ち、その指数 β は系によって普遍的な定数になることが知られている

当初はミステリーだったこの現象は、相転移との類推で理解できることが指摘されます。ブラックホールができるかできないかを、ブラックホールの質量 M の量を秩序パラメータと考える相転移現象として理解するのです。この相転移現象は2次相転移であり、スケーリング則に現れる β も、ブラックホール形成系においては0.355801…と決まること（系によって決まる不安定モードの固有値 κ の逆数で与えられること）で説明されました[参30]。

わかってみればなるほどとなる話でしたが、この時期、研究者たちはパズルの謎解きで大いに盛り上がりました。

一連の研究は、ブラックホールの形成プロセスが、他の物理に見られるような相転移現象で理解ができるという一面を明らかにしました。しかし、質量が限りなくゼロに近いブラックホールが形成されることも明らかになり、宇宙検閲官仮説の成否の観点から考えると、特異点が隠されずにいる可能性を意味しています。したがって、この研究も、弱い宇宙検閲官仮説の破れる例を挙げたことになります。

ここまで紹介してきた研究事例から、弱い宇宙検閲官仮説は破れている例が存在することがわかりました。しかし、球対称での重力崩壊や、ダスト物質の重力崩壊などは、かなり「特殊な設定」であり、ペンローズの意図したような「普通の状況」を考えることからは、まだ遠いと言えます。したがって、弱い宇宙検閲官仮説の成否はいまのところ結論が得られていない、とするのが妥当でしょう。

4-3 強い宇宙検閲官仮説をめぐって

ペンローズは、アインシュタイン方程式の予測可能性を回復するために、強い宇宙検閲官仮説を提案しました。ここからは、この仮説に関わる研究をいくつか紹介しましょう。

表4-1でみたように、ブラックホールの厳密解であるライスナー・ノルドシュトロム解やカー解では、特異点は時間的です。その点では、強い宇宙検閲官仮説は破れているのですが、研究者の探究は続きます。

強い宇宙検閲官仮説への反例1：質量インフレーション

強い宇宙検閲官仮説の主張するところは、そもそも現実の時空には裸の特異点は存在しない、という予想でした。これは、裸の特異点が存在すれば、それは私たちの時空からは切り離されているとも解釈できます。私たちがいる時空は、物理法則ですべて未来が予測できる「コーシー地平面」（初期条件がもたらす因果的領域の境界）の内側にあり、そもそもコーシー地平面は不安定なもので、そのような境界は現実には存在せず、数学的思考の産物にすぎない、とペンローズは予想しました。もし、強い宇宙検閲官仮説が正しければ、コーシー地平面が不安定となり、大域的双曲性が保たれると考えられます。

コーシー地平面は不安定なのでしょうか。これは、たとえばブラックホールに人間が飛び込むと、それまでのブラックホールの内部構造が変化するのだろうか、という問題です。

１９９０年にポアッソンとイスラエルは、ブラックホール内部のゆらぎを計算し、内部地平面の付近で無限に青方偏移されて、ブラックホールの質量パラメータが発散する現象を見つけ、**質量インフレーション**と命名しました。ブラックホールの外側の世界には何の影響もありませんが、内部では質量が大きくなって特異点が発生し、落ち込んだ観測者はそれ以上は進めなくなるだろうと考えられます。コーシー地平面の不安定さを示唆することから、強い宇宙検閲官仮説の傍証になると思われました。しかしその後、この特異点では潮汐力が有限にとどまることが示され、身体が丈夫な観測者ならこの弱い特異点を通り抜けて中心特異点を観測できるであろうこともわかり[参32]、この意味で強い宇宙検閲官仮説は破れることもわかりました。

強い宇宙検閲官仮説への反例2：コーシー地平面を超える時空の延長

最近の研究で、ペンローズの提案した強い宇宙検閲官仮説に対して、数学的に新しい展開があったので紹介しましょう。

2017年にアーカイブに投稿された論文が、ちょっとした話題を呼びました。ダフェルモスとルークによる200ページを超える論文[参33]で、コーシー地平面の安定性を解析したものです。ペンローズは、コーシー地平面は重力波が通過するだけで不安定となり、消滅してしまうと考えていましたが、ダフェルモスらの解析によると、コーシー地平面の不安定性はこの予想ほど激しいものではないということです。たしかに、この不安定性は時空構造を歪めますが、時空を切り裂くほどのものではなく、人間でも耐えられる（押しつぶされない）程度の潮汐力のようです。ペンローズは、特異点が発生したとしても空間的なものと考えていましたが、二人は、特異点は光的に存在すること、そして、時空はコーシー地平面を超えて存在しうることを示しました。（図4-6）

ただ、面白いことに、コーシー地平面の先の時空の拡張は2階微分が不連続になるような接続になるため、アインシュタイン方程式をそのまま用いて議論することができなくなることも報告しています。したがって、ペンローズの予想した強い宇宙検閲官仮説は、そのままでは正しくな

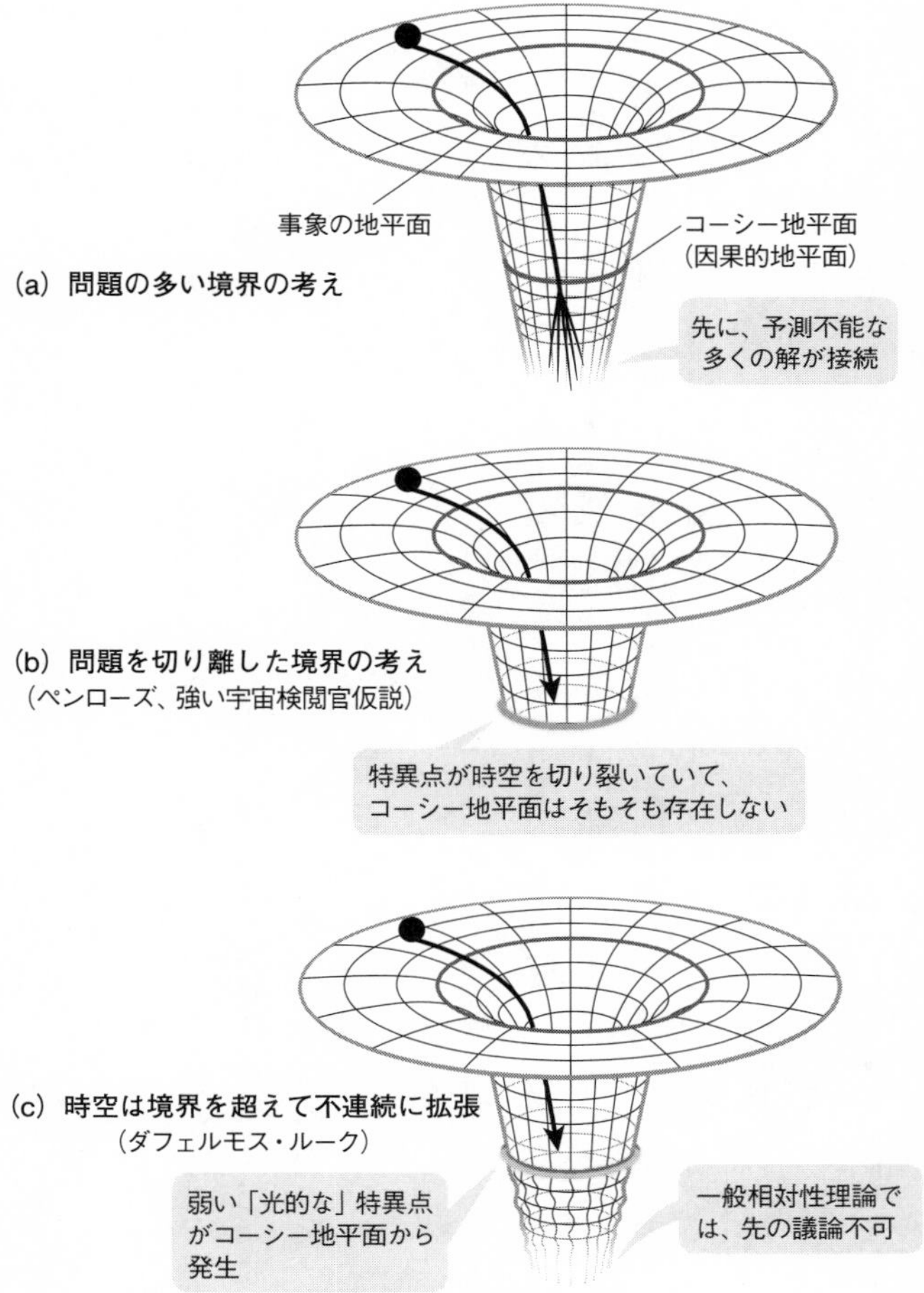
事象の地平面
コーシー地平面
(因果的地平面)
(a) 問題の多い境界の考え
先に、予測不能な
多くの解が接続
(b) 問題を切り離した境界の考え
(ペンローズ、強い宇宙検閲官仮説)
特異点が時空を切り裂いていて、
コーシー地平面はそもそも存在しない
(c) 時空は境界を超えて不連続に拡張
(ダフェルモス・ルーク)
弱い「光的な」特異点
がコーシー地平面から
発生
一般相対性理論で
は、先の議論不可

図 4-6　ブラックホール地平面の先の時空の予想

(a)：裸の特異点が発生し、その影響が及ぶ領域に入ると、未来が予測できない空間になる（コーシー地平面の外に出る）
(b)：ペンローズは特異点の存在する時空と私たちの時空は切り離されていると考えた
(c)：ダフェルモスとルークは、私たちの時空と特異点のある時空は切り離されてはいないが、コーシー地平面の外への接続は一般相対性理論では議論できないことを示したいものの、コーシー地平面を超えての議論にはアインシュタイン方程式では不十分なので、現在のところ、ペンローズは精神は完全に否定されるものではない、という結論です。

ここまでの研究で見えてきたのは、時空の時間発展においてそもそも特異点は生じるのか、という問いかけに対して、どうやら一般相対性理論では議論ができないようだ、という示唆です。質量が一点に集中して無限大になっていく、あるいは時空の曲率が無限大になっていくような数値計算例が示されたとしても、その最終的な構造にまではたどりつけません。究極には、量子論と一般相対性理論がともに含まれた量子重力理論が完成することで解決されると期待して、この種の議論を閉じてしまってもよいのですが、ここで投げ出すには時期尚早です。量子重力理論に頼らなければならないのは、プランクスケールでの議論です。プランクスケールとは、長さが10^{-33}cm程度、時間は10^{-44}秒程度、エネルギーが10^{19}ギガ電子ボルト程度のスケールですから、少なくとも、まだ相対性理論の適用できる範囲では、私たちの研究結果は正しいはずです。

宇宙検閲官仮説に対する反例がちらほらあったとしても、物理的直観として宇宙検閲官仮説が成立するであろうことは、正しい向きの議論と考えられます。ペンローズ自身、宇宙検閲官仮説が誤りであることを証明しようとして、いろいろと考え、そのたびごとに証明できずにいます（次章ではそんな一例を取り上げます）。ホーキングも生前、宇宙検閲官仮説を信じていると公言していましたが（あとがきにエピソードあり）、「宇宙検閲官仮説の最強の根拠は、それが間違っていることを証明しようとするペンローズの試みがすべて失敗していることだ」とも冗談めかして語っています。

コラム　タイムトラベルの論文を書いたソーン

第4章のフープ仮説のところで登場したソーンは、何かと逸話の多い研究者です。1960年代には、当時は誰も取り組まなかった一般相対性理論の研究に注目し、ブラックホールや星のゆらぎを解析する数学的なツールを開発したり、重力波物理学の理論的な研究を推進したりしました。米国の物理学会会長を務めていたこともあり、重力波の理論を構築してこの分野を牽引した一人として、2017年にノーベル物理学賞を受賞しています。相対性理論を志す学生なら誰もが持っている分厚い教科書「重力理論」の著者の一人でもあります。

一般の方にソーンの名前が知られたきっかけは、タイムトラベルに関する論文を出したことでした。ことの発端は、天文学者であり作家でもあったカール・セーガンが、小説『コンタクト』を構想中に、物理的な内容についてソーンに尋ねたことでした。

セーガンは26光年先の星ベガにいる宇宙人と地球人が出会うためにブラックホールを使う旅を考えていて、その可能性をソーンに確かめたのです。それに対してソーンは、ブラックホールよりもワームホールを使うのはどうか、と提案しました。時空の異なる2点を結ぶ「虫食い穴」です。現実の宇宙には観測されていませんが、アインシュタイン方程式の解としては許され、SFで登場する「ワープ航法」の根拠にもなっています。セーガンは彼の助言にしたがって、1985年に発表した『コンタクト』でワームホールを設定に用いました。

一方、ソーンは、人間が問題なく通過できるためのワームホールの条件を真面目に考察して論文にします。そして、ワームホールを支えておくためには、負のエネルギーを用いなくてはならない、と結論しました。負のエネルギーとは、負の質量をもつ物質です。量子論的には一瞬は存在するのですが、まとまった存在として考えるのは（現在の技術では）非現実的です。しかし、ソーンはこれを「エキゾチックな物質」と呼び、「将来の技術で可能になるならば」という言い方で話を進めました[参34]。通常、非現実的な物質を仮定しては物理の議論は成立しないものですが、ソーンほどの大家が言いだしたので、負のエネルギーを用いた論文が解禁された感じになりました。

あるときソーンが学会で、ワームホールを用いた空間2点間の移動について話したところ、会場で誰かが「時間が異なる2点間でも移動は可能なのか」と質問したそうです。時間と空間を区別しない相対性理論では当然の質問でした。はっと気づいたソーンは、ワームホールを用いて過去へタイムトラベルする方法についての論文を出します（未来へタイムトラベルする方法は、光速に近いロケットに乗ったり、強い重力場に滞在したりすることで可能になるので、難しい話ではありません）。

ソーンが考えたのは、ワームホールの一方の入り口を光速近くで動かすことによって時間の進み方を遅くし、元の場所と時間差が生じたときにワームホールを使って戻る、という筋書きでした。そもそもいまだに見つかっていないワームホールを、どうやってつかんで、どうやって動かして、どうやって元の場所に戻れるようにコントロールするのかさっぱり不明ですが、この論文は物理の分野で最もハードルが高い『Physical Review Letters』誌に掲載されたため（参35）、マスコミが飛びついて、一躍有名人になった、というわけです。

私は、友人のヘイワードと、ソーンの考えたワームホールが不安定であり、エネルギーのわずかな超過・減少によって拡大や収縮をすることを数値計算で示しました。そのときもアメリカの一般誌に紹介され、その後、興味をもった物理ファンの方からたくさんのコンタクトをいただくようになりました。しかし、ワームホールは危険な物体です。研究対象としては魅力的ですが、若い頃にワームホールの論文を書くと、その後、アカデミックな職になかなか就職できないというジンクスがあります。実際、私もポスドク生活が11年に及びました。任期のない現在の職を得てからは、同僚の鳥居《とりい》隆《たかし》氏と、ワームホールがちょっとしたゆらぎに対して不安定になることを理論計算で示しています。

ソーンは2014年に公開された映画『インターステラー』では、製作総指揮者の一人に名前を連ねています。監督のクリストファー・ノーランが、宇宙旅行の話をできるだけ現実の物理に忠実に描こうとして、ソーンに協力を求めたそうです。ソーンはブラックホールやワームホールが実際にどのように見えるのかを映像化する手助けをしたり、映画の中に登場する黒板の数式を書いたりしています。ブラックホールの可視化については論文も執筆し、本まで出版していて参36、何事にも職人気質な彼の性格が表れています。

第5章

特異点定理と宇宙検閲官仮説の副産物

…宇宙で観測されるブラックホールは（定常状態であるとすれば）すべてが、カー解で記述できることになります。そのため、カー解は、「物理学のあらゆる方程式のなかで最も重要な厳密解」とも評されます。（本文より）

特異点定理によって、一般相対性理論が描く時空には必然的に、時空特異点が存在することが示されました（第3章）。しかし、特異点もブラックホールの内側に発生するのなら、とりあえず物理学の議論に影響はしません。そこでペンローズが提案したのが、第4章で紹介した（弱い）宇宙検閲官仮説でした。ところが、特殊な場合を考えると、宇宙検閲官仮説には反例があることもわかりました。

何らかの条件をつけたうえで、宇宙検閲官仮説が宇宙検閲官「定理」となるのかどうかは、まだわかりません。しかし、「宇宙検閲官仮説が成り立つならば」という前提条件のもとでは、ブラックホールに関する面白い議論が出てきています。ここでは、それらを紹介しましょう。

5-1 ブラックホールの面積増大則

まずは、特異点定理の副産物として得られるブラックホールの面積増大則です。

事象の地平面は、外向きに出ようとする光が捉えられて、ぐるぐると周回する場所になります。そのため、地平面のすぐ外側の光は、特異点に突き当たることがありません。光の測地線の

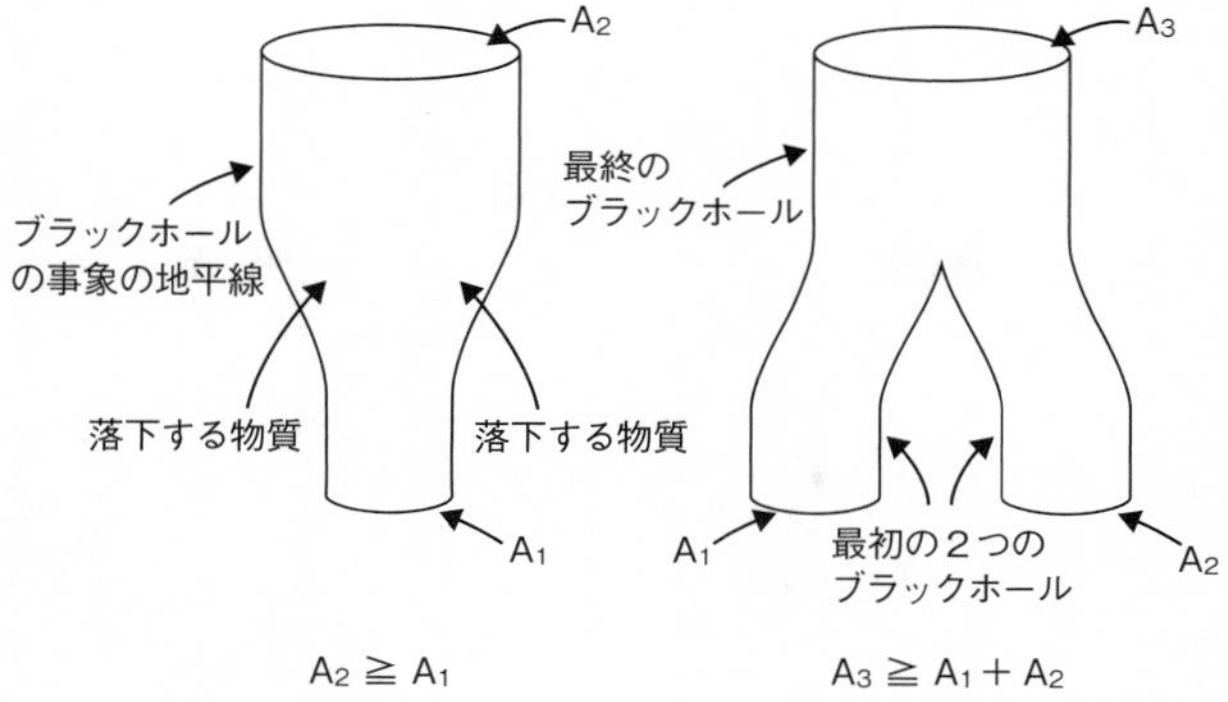

図5-1　ブラックホールの面積増大則
ブラックホールはその表面積を増大する方向にだけ進化する（時間の進む向きを上向きにして描いている）。２つのブラックホールが合体すると、その表面積は最初の２つのブラックホールの表面積の和より大きくなる

膨張率θが負であれば必ず特異点に突き当たる、というのが特異点定理ですから、事象の地平面上は$\theta \geqq 0$であるといえます。これは、事象の地平面の面積が減少しないことを示しています。

つまり、ブラックホールがひとたびできたとすれば、以降は、その大きさを保ちつづけるか、増大するかのどちらかしかありえないことになります。ブラックホールが動いて、周囲の時空を歪めたとしても、ブラックホール自身の大きさが小さくなることはありません。ここで仮定されているのは、地平面にも、その外側にも特異点が存在しない、ということです。

ブラックホールの内部には特異点がありますので、ブラックホールの大きさを評価するために体積積分は使えません。そこで、事象の地平面の表面積で表すのが適切でしょう（図5-1）。したがって、次の定理が得られます。

ブラックホールの表面積定理（ホーキング、1971年）

地平面上にもその外側にも特異点がなく、ひとたび事象の地平面ができれば（ブラックホールが形成されれば）、光的エネルギー条件がみたされるもとでは、事象の地平面の表面積は、決して減少しない。

ブラックホールは物質を次々と呑み込んでいきますから、次第にその質量を大きくし、結果として事象の地平面・見かけの地平面の双方を大きくしていきます。そうした「一方通行」の様子を表現したものが、この表面積定理（面積増大則）です。このことから、次のことが予言できます。

・ブラックホールは発生できるが、消滅できない。
・ブラックホールは合体できるが、分裂できない。

減少することはなく一方的に大きくなる物理量として知られているものといえば、熱力学における「エントロピー（乱雑さ）」です。コーヒーにミルクを数滴入れると、ミルクは広がり、決して戻ることはありません。物理法則は時間を逆転させても成り立つように書かれているのに、明らかに現実の物理現象には時間の進む向きがあります。ミルクが広がっていく、という時間の向きを決定するのは、「状態」の数です。ミルクの分子がコーヒーの分子の中に入り込める状態の数は非常に多く、再びミルク分子だけで固まる状態の数がありえないくらい少ないから、と理由を考えることができます。このように状態数をカウントしたものをエントロピーと呼び、物理現象は「エントロピーが増大する方向へ進む」とするのが熱力学の第二法則です。

のちほど（５－４節）、ブラックホールの物理学が熱力学と似ていることから、「ブラックホール熱力学」という分野があることを紹介します。面積増大則をエントロピー増大則と同一視することが、その１つの根拠になっています。

5-2 ペンローズ不等式

ペンローズは、自分の提案した「弱い宇宙検閲官仮説」の反例をつくる目的で、光速で潰れる物質がつくるブラックホールのモデルを考えました。図5-2は、ペンローズが論文に描いた図で、時間の進む向きを上向きにして描いています。物質が通過する前は、平坦な空間（ミンコフスキー空間）だったところへ、物質が一点に集中するように蓄積すると、空間が歪んで、重力波が発生して周囲に伝播します。しかし、集中した大部分の物質は、その点で閉じた捕捉面（3-2節の準備1）をつくります。中心では時空特異点が発生することになります。

もし、弱い宇宙検閲官仮説が成り立つのであれば、ブラックホールが発生して、時空特異点は隠されるはずです。ブラックホールが形成されれば、面積増大則にしたがってブラックホールは次第に大きくなり、最終的には、潰れる物質がはじめに持っていた全質量で決まる大きさになることでしょう。はじめにあった全質量をMとすれば、その質量に対応するシュヴァルツシルト半径は、$r=2M$ですから注1、その表面積Aは、$A=4\pi(2M)^2$が最大です。もし、回転するブラ

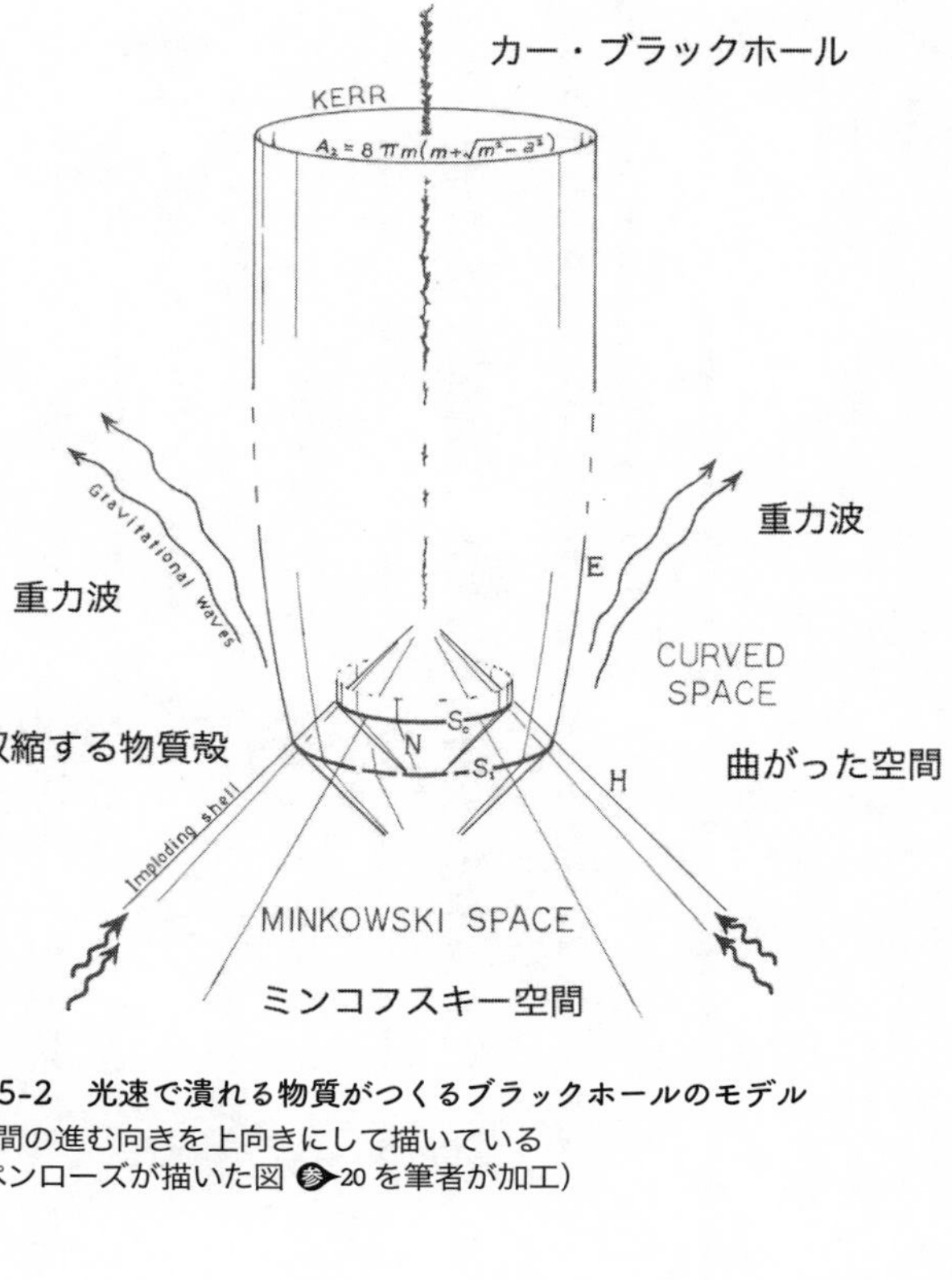

図5-2　光速で潰れる物質がつくるブラックホールのモデル
時間の進む向きを上向きにして描いている
(ペンローズが描いた図 参20 を筆者が加工)

注 1　ここでは、$c=G=1$とする幾何学的単位系(第２章の(数式)4)を用いています。

ックホール（カー・ブラックホール）が形成されたとすれば、その表面積はこれより小さくなることが知られているので、シュヴァルツシルト・ブラックホールの表面積が最大値です。途中で重力波によってエネルギーが少しは周囲に放出されるでしょうから、実際に形成されるブラックホールの表面積はこれが最大値となるはずです。

このような論理で、ペンローズは、ブラックホールの質量と表面積の関係について、次の不等式を提案しました。これは「ペンローズ不等式」と呼ばれています。

質量エネルギーに関する不等式（ペンローズ、1971年）

弱い宇宙検閲官仮説が成り立つのであれば、質量Mの物体に対応するブラックホールの表面積Aは、$A \leqq 4\pi(2M)^2 = 16\pi M^2$である。

この不等式は、

$$M \geqq \sqrt{\frac{A}{16\pi}}$$

とも書き換えられるので、重力の持つエネルギー（M）はブラックホールの面積を用いて下から抑えられる（負にはならない）とも解釈されます。

このペンローズ不等式は、数学者の関心を集めました。重力の持つエネルギーに下限はあるのか、という難問があるからです。

正エネルギー定理

一般相対性理論では「重力の持つエネルギー」とは何かを定義することは、簡単ではありません。自由落下するエレベータの中では重力の影響を感じなくなるように、座標系のとり方によって重力を消すことができるからです。このことは、重力波は本当に存在するのか、という原理的な問題を引き起こし、アインシュタインも一時期「重力波は存在しない」という論文を投稿したほどでした。（幸い、論文の査読者がその論理の誤りを指摘し、アインシュタインは誤った論文を出版するという不名誉を免れました）。

一般相対性理論では、孤立した重力系の持つ全エネルギーを、空間的無限遠（ＡＤＭエネルギー）や光的無限遠（ボンディエネルギー）で自然に定義できることが知られています（３－２節の準備３参照）。ですが、これらのエネルギーに下限値があるのかどうか、が問題でした。

ニュートン力学では、エネルギーの高い状態から低い状態へ遷移《せんい》するように運動が起きることがわかっています。川の水が山の上から海に向かって流れるのは、位置エネルギーを失うほうが力学的に安定となるからです。もちろん外からエネルギーを与えれば、水を山の上へ運ぶことができますが（火力発電や原子力発電で余った電力を使って水を山の上に汲み上げる揚水発電はその一例です）、全体のエネルギーを考えるならば、外からエネルギーを加える要因はないので、力学的な状態はエネルギーの高いところから低いところへ遷移するのが普通です。

ニュートンによる万有引力の位置エネルギーは、２つの物体間の距離に反比例します。２つの物体の距離がゼロになると、底なしの「マイナス無限大」になってしまいますが、実際の星の内部では、その中心では重力が相殺して小さくなるので、位置エネルギーは有限にとどまります。では、重力崩壊する場合はどうなるのでしょうか。

この問題は、１９８０年代になってようやく解決しました。それがシェーンとヤウによる**正エネルギー定理**です[参37]。ただし、直後にウィッテンがまったく別の方法で証明していますので[参38]、２つのグループを併記して紹介するのが通例です。

正エネルギー定理（シェーンとヤウ、1979年）（ウィッテン、1981年）

アインシュタイン方程式をみたし、漸近的に平坦な時空で、物質が優勢エネルギー条件をみたすのならば、ＡＤＭエネルギーは正またはゼロである。ＡＤＭエネルギーがゼロとなるのは、ミンコフスキー時空であることと等価である。

ここで、優勢エネルギー条件とは、第３章の表３－１にも登場したように、物質のエネルギー流が光速以下であることを要請するもので、普通の物質ならば自然にみたされます。つまり、この定理は、時空のエネルギーの下限値はゼロであり、その最低状態は、平坦な時空であることを述べています。エネルギー的にミンコフスキー時空が一番安定であることを示したことになり、曲がった時空をとりあつかう一般相対性理論が理論として正当性をもつことを支持します。

ペンローズが考えた不等式は、ブラックホールが存在する時空での時空の安定性（正エネルギー性）について、ヒントを与えるものでした。１９８４年にギボンズは、ペンローズの不等式が物質を取り囲む表面の幾何学量で書き換えられることに気づき、この不等式を等周不等式

(isoperimetric inequality) と名づけています[参39]。その後、数学の幾何学分野では、閉じた曲面の平均曲率とその表面積との間の不等式[参40]が発見され、ギボンズの考えがさらに発展しました。

このように、ブラックホールが形成される十分条件としてペンローズが提案した不等式が、まったく物理現象とは関係のない数学定理と結びついたことは、弱い宇宙検閲官仮説を支持するものとも受け取られています。

5-3 ブラックホールの唯一性定理

2-2節で紹介しましたが、もっとも単純なブラックホールの解は、シュヴァルツシルト解です。それは球対称時空の真空解として、アインシュタイン方程式が提唱されたあと、ただちに発見されました。その後、すぐに電荷を持つライスナー・ノルドシュトルム解が発見されています。一方で、回転するブラックホールの解としてカー解が発見されたのは、それから50年近く経ってからのことでした。そしてその後すぐに、電荷を持って回転するカー・ニューマン解が発見されています。

では、ブラックホール解はこれらの他にもあるのでしょうか。それに答えるのが、ブラックホールの唯一性定理です。

バーコフの定理

アインシュタイン方程式の解として、球対称で静的、漸近的に平坦な真空解を仮定すると、解はシュヴァルツシルト解に限られることが、古く１９２３年にバーコフによって示されています。ここで「静的」であるとは、回転していない、という意味ですが、もう少し厳密にいうと、定常でかつ時間反転に対して不変である、ということになります。

この定理があることはありがたく、たとえば星のような物質が存在していても、その外側が球対称で真空であれば、星の遠方のふるまいはシュヴァルツシルト解で表されることになるので、解析がとても簡単になります。地球を周回する人工衛星が受ける一般相対性理論の補正も、シュヴァルツシルト解で考えることができるのです。

イスラエルは、バーコフの定理の仮定と結論を入れ替えて、静的で真空な時空であれば球対称であることを示しました[参41]。これを**剛性定理**と呼びます。この定理によって、静的なブラックホールが一意に決まることが示されます。

剛性定理（イスラエル、1967年）

静的、漸近的に平坦なアインシュタイン方程式の解は、球対称なものに限られる。

電荷や宇宙項がある場合を含めて、これらをバーコフの定理と総称することにします。

バーコフの定理：球対称真空解の唯一性

アインシュタイン方程式の解のうち、球対称で静的、漸近的に平坦な真空解は、シュヴァルツシルト解に限られる。

・正の宇宙項を含めるのならば、シュヴァルツシルト・ド・ジッター解に限られる。
・負の宇宙項を含めるのならば、シュヴァルツシルト・反ド・ジッター解に限られる。
・電磁場を含めるのならば、ライスナー・ノルドシュトロム解に限られる。

カー・ブラックホール解の唯一性

このような唯一性が、回転するブラックホールの解であるカー解にも成り立つことが示されています。先に定理を示すと、次のような形です。

ブラックホールの唯一性定理（ロビンソン、１９７３年）

アインシュタイン方程式の解のうち、漸近的に平坦で、地平面を有し、地平面の外側に特異点を持たない真空解は、カー解に限られる。

この結論に至るまでには、以下に示したような、いくつかのステップを踏んでいくことが必要でした。

・ブラックホールが回転軸を持つとすれば、そのブラックホールの大きさと形は質量と回転の速さだけで決まる（カーター、１９７０年）

・地平面の存在と漸近的平坦性の2つの条件をみたす解は最小1つ、最大2つのパラメータを含む解の組に属する（イスラエル、1970年／カーター、1971年）
・定常に回転しているブラックホールは軸対称である（ホーキング、1971年：これは剛性の定理の軸対称版です）
・そのようなブラックホールの解はただ1つしかない（ロビンソン、1973年）

これらの一連の議論の中では、カー解の計量は一度も使われていません。カー解はすでに発見されていて、偶然にこれらの性質をみたしていることがわかった、という経緯です。

この唯一性定理の表現で、「地平面の外側に特異点を持たない」という条件を外すと、冨松・佐藤解のように裸の特異点を持つような解がいくつも存在してしまうことになります。その意味で、物理的議論の前提に、弱い宇宙検閲官仮説が入っていることがおわかりいただけるかと思います。

したがってこの定理から、質量と角運動量の2つのパラメータを持つブラックホールは、すべてカー解で記述できることになります。カー解が、定常回転しているブラックホールを表す唯一のものだとわかれば、宇宙で観測されるブラックホールは（定常状態であるとすれば）すべてが、カー解で記述できることになります。そのため、カー解は、「物理学のあらゆる方程式のなかで最も重要な厳密解」とも評されます。

先に登場したチャンドラセカールは、カー解に出会ったときのことを「45年以上も科学に捧げた人生のなかで、もっとも衝撃を受けた経験」と表現し、さらにこう語っています。

——数学的な美しさから導出されたこの解が宇宙のすべてのブラックホールを表現していることを知るとさらに震えが止まらなくなった。そして美しさこそが、人々の心を強く深くさせるのだと悟った[参42]

ブラックホールの脱毛仮説（無毛仮説）

1972年には、テューコルスキーによって、カー・ブラックホールがゆらぎに対して安定であることが示されました。また、この頃には、球形から少しずれた星（山のような出っ張りがある星）がブラックホールになったとしても完全な球形になることや、球対称に落ち着くときには、重力波が時空の歪みをまわりに伝播させていくことが報告されています。

これらの報告やブラックホールの唯一性定理から想像されるのは、ブラックホールはとてもシンプルな構造に限られる、ということです。星が重力崩壊してブラックホールになったとすれば、それまでに持っていたさまざまな情報が地平面の内側に閉じ込められ、外から見れば、質量と電荷と角運動量の3つしか観測できないことになる——この状況をホイーラーは、解説記事で

「ブラックホールにはヘアがない（black hole has no hair）」と端的に表現しました[参43]。すべての情報（ヘア）を失って最後には3本のヘアしか残らない、という意味です。カーターが証明したブラックホールの唯一性定理は、天文学として応用するならば、「ブラックホールの脱毛定理（あるいは無毛定理 no hair theorem）」とも呼ばれます。

　重力崩壊したブラックホールが最終的に〝3本のヘア〟だけを持つことは、（真空の場合には、唯一性定理として証明されましたが）厳密にはまだ証明されたものではありません。多くの研究者は脱毛仮説を信じていますが、仮説を定義に昇格させるには、さまざまな物質場を含めたブラックホール解を構成して、その安定性を調べる必要があります。

　1990年代には、いろいろな場の理論でブラックホールを考えたときに、3本のヘア以外のヘアが見えるかどうかという研究が精力的に進められ、見える場合には「色つきブラックホール」（colored black hole）という名前で呼ばれました。これまでに、非可換場とヒッグス場を結合させたり、ゲージ場に質量を持たせたりすると、安定な色つきブラックホール解が得られることが報告されています。

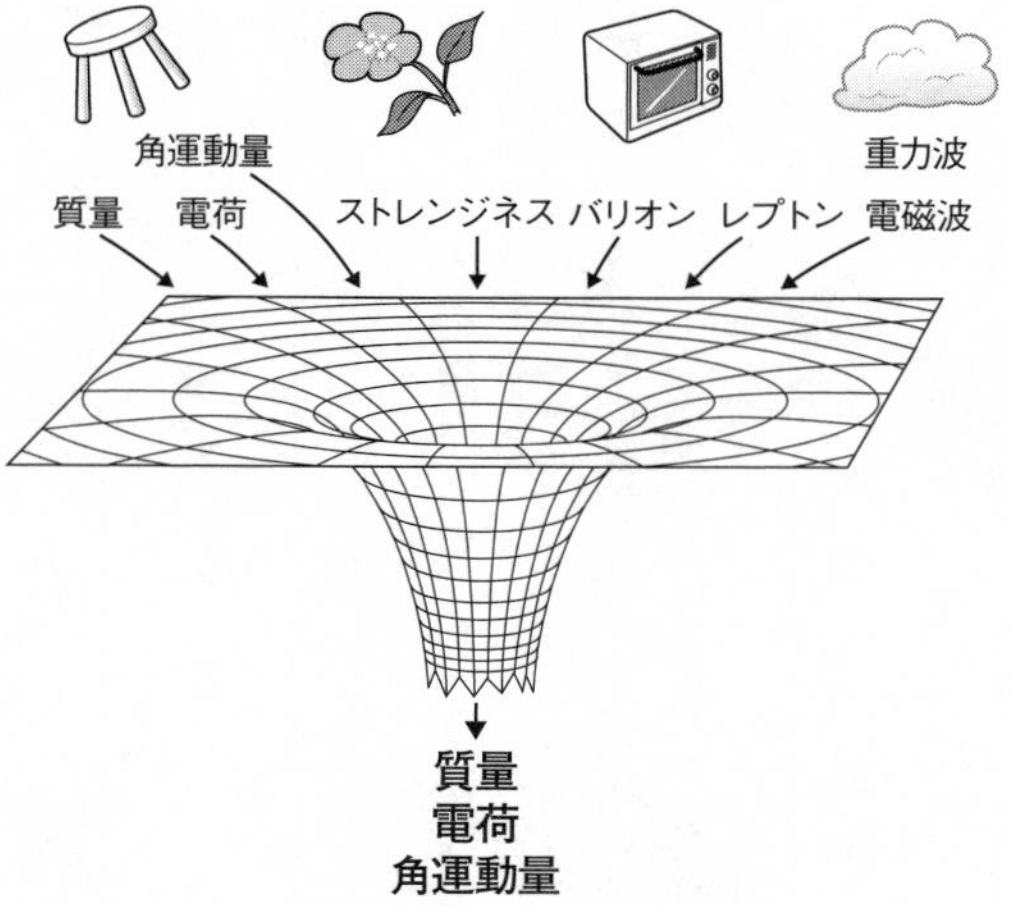

図5-3　ブラックホールの脱毛仮説
ブラックホールに何を投げ込んでも、外から見ると質量と電荷と角運動量しか観測できない。このことを「ブラックホールにはヘアがない」という（参43の図を筆者が加工）

5-4 ブラックホール熱力学

熱力学の法則

5-1節では、「ブラックホールの面積増大則」を紹介しました。ブラックホールが回転していたり、運動していたりすれば、その分のエネルギーを持ちます。ホーキングは、ブラックホールを特徴づける量は、これらすべての効果を含んだ事象の地平面の表面積ではないか、と考え、この表面積が減少することがないことを証明しました。本節では、そこに至るまでの話を紹介していきましょう。

「減少することがない」物理量としては、熱力学における「エントロピー（乱雑さ）」があります（5-1節参照）。ホイーラーが指導した学生のベッケンスタインは、熱力学の法則がブラックホールの様相と類似していることに気づいていましたが、確信をもてずにいました。ホーキングの話を知って、エントロピー増大則と面積増大則が合致することに自信を得て、彼はブラック

	熱力学	ブラックホール熱力学
第０法則	熱平衡状態では温度Tは一定である	定常ブラックホールの地平面では表面重力加速度κは一定である
第１法則	**エネルギー保存則** $dE=TdS+$外にした仕事 dE:加えた熱、T:温度、dS:エントロピー増加	**質量公式** $dM=\frac{\kappa}{8\pi}dA+\Omega dJ=TdS+\Omega dJ$ dM:質量増加、dA:表面積増加、Ω:地平面の角速度、dJ:角運動量増加、T:温度、dS:エントロピー増加
第２法則	**エントロピーS増大則** $dS\geq 0$	**面積 増大則** $dA\geq 0$
第３法則	**ネルンストの定理** 物理的に絶対零度にすることはできない（エントロピーをゼロにできない）	**宇宙検閲官仮説** 物理的に$\kappa=0$にすることはできない（特異点は裸にならない）

表5-1　熱力学とブラックホールの法則の類似

ホール熱力学を提唱します。

熱力学の基本となる４つの法則を、表５－１で確認しましょう。

まず発見されたのは熱力学第一法則です。気体をピストンに入れて熱を加えると、気体分子は温められ、活発に動くようになります。そして、外に向かってピストンを押す力が増えます。もしピストンが外に動いたならば、押し出す仕事をしたことになり、残ったエネルギーが気体の温度を上昇させることになります。このようなエネルギー保存則の考えを表したのが、熱力学の第一法則です。この法則が発見されたあと、温度が一定の状態を定義する第ゼロ法則が定められました。

熱力学第二法則は、熱が拡散してゆく方向を示します。熱は高温物体から低温物体へと流れ、その逆はない、という向きを表します。５－１節で述べたように、「状態数」をカウントしたもの（の対数）をエントロピーと呼び、物理現象は「エントロピーが増大する方向へ進む」とするのが熱力学の第二法則です。エントロピーはつねに増大するので、物理的なプロセスでエントロピーをゼロにすることはできません。これは、エントロピーの定義式から、温度（絶対温度）を零にすることができないこと（摂氏マイナス273度に下げることができないこと）を示しています。これが熱力学の第三法則です。

ベッケンスタインの提案は、当初は誰にも見向きもされなかったそうです。類似性を主張する物理は見通しがよいのですが、この場合は根拠がなかったからでした。ブラックホールの表面積をエントロピーと読み替えれば確かに法則は似通っていますが、ブラックホールはエントロピーと違って、自然現象を乱雑にするのではなく、むしろ脱毛定理でシンプルにする物体です。温度に対応するものが何かも不明です。

誰にも受け入れられず、落ち込んでいるベッケンスタインを、ホイーラーは「君のアイデアは十分にクレイジーだから、正しいかもしれない」と激励したといわれます[参10]。

ブラックホールの蒸発

ベッケンスタインの考えは、その後、ホーキングによって仰天すべき結果を導くことになりました。

1972年の夏にホーキングは、カーター、バーディーンとともに、ブラックホール地平面の「表面積」を「エントロピー」に置き換え、地平面の「重力加速度」を「温度」に置き換えれば、見事に熱力学の法則がブラックホールの法則に対応することを確認します[参44]。しかし、温度の正体がわかりません。熱力学では温度がある物体はエネルギーを放射します。エネルギーのスペクトルを測ることで、その物体の温度がわかります[注2]。それに対してブラックホールは何でも吸い込む物体であり、何も放射するものはないはずですから、この対応の意味するものは不明でした。

この頃、宇宙の始まりを量子論的なふるまいを取り入れて研究しようとする流れが始まっていました。曲がった時空での量子論はどうなるのか、という研究です。研究の手法としては、時空を古典的なものにして、物質の量子効果を取り入れるというものです。ホーキングは、ブラックホール時空に物質の量子論を適用しました。そして、「ブラックホールは熱輻射としてエネルギーを放出していて、その結果が温度を示している」とする考えを発表します（1974年）[参45]。通常は、高温の物体は周囲にエネルギーを放出していて、その放出エネルギーの分布は温度によって決まっているわけですが、ホーキングは、同様の現象がブラッ

注 2　ここでのスペクトルとは、エネルギー強度の振動数（波長）分布です。プランクによって、温度とスペクトル曲線の対応が説明されています。太陽光のスペクトルから、太陽表面の温度が6000度とわかるのもこの原理です。

クホールにも当てはまると考えたのです。これは**ホーキング放射**と呼ばれているものです。

ホーキングによれば、具体的な温度T_{BH}の定義は、ブラックホールの半径R_{BH}あるいは質量M_{BH}に対して

$$T_{\mathrm{BH}}=\frac{\hbar c}{4\pi k_B}\frac{1}{R_{\mathrm{BH}}}=\frac{\hbar c^3}{8\pi k_B G}\frac{1}{M_{\mathrm{BH}}} \tag{5.1}$$

$$\text{ブラックホールの温度} \propto \frac{1}{\text{ブラックホールの半径}} \propto \frac{1}{\text{ブラックホールの質量}}$$

となります。ここで、cは光速、$\hbar=\frac{h}{2\pi}$はプランク定数hを2πで割ったもの、k_Bはボルツマン定数です。この温度は、太陽質量（$\sim 2\times10^{30}$ kg）に対しては、$T_{\mathrm{BH}}\sim 6\times10^{-8}$ Kというとても小さなものになります。

ホーキングの理論は、これまでの物理学を適用した議論ですので、因果律やエネルギー保存則とは矛盾しません。そしてこの理論によれば、古典的に（一般相対性理論の枠内で）考えると何でも吸い込む物体であるブラックホールは、そのすぐ外側の時空では、量子的効果によってエネルギーを遠方に放出しているというのです。

ブラックホールの周囲が真空だとしましょう。私たちは普通、何もない空間を真空と考えますが、量子論では異なります。真空と見せかけているさまざまな粒子（光子や電子など）がみたさ

れていて、それらの粒子は正負の物理量をペアで持ち、たえず生成・消滅しているというダイナミックな空間と考えます。ブラックホールの事象の地平面近くで生成した粒子対の1つが遠方に正のエネルギーとして「放射」されるのであれば、対のもう一方は負のエネルギーをもってブラックホールに落下することになります。したがって、ブラックホール自身はエネルギーを少しずつ減少させることになります[注3]。

ちなみに量子論では、ペアで生成した粒子の一方の状態がわかると、もう一方の粒子の状態が判明する現象が知られていて、**量子もつれ**あるいは**量子エンタングルメント**と呼ばれています。粒子の状態は観測されるまで判明しないのにもかかわらず、一方の状態が判明すると、どんなに離れたところにいようと、もう一方の粒子の状態も確定するのです。これは、アインシュタインがポドルスキーとローゼンとの3人で、量子論の欠陥を指摘するための反論として考え出した現象で、3人の頭文字をとって**EPRパラドックス**（1935

注3　ブラックホールからエネルギーを取り出す話としては、この他に、回転しているブラックホールから回転エネルギーを取り出すペンローズ過程や、回転するブラックホールに入射した波が増幅されて戻ってくる超放射現象がありますが、これらとはメカニズムが異なります。ペンローズ過程は、エルゴ領域では無限遠方から見たエネルギーが負になりうることを利用して、エルゴ領域に飛び込んだ粒子が分裂して出てくるときに以前よりも大きなエネルギーを持つ現象です。超放射現象は回転するブラックホール時空での量子効果を考えたものです。どちらも回転していることが現象の鍵となっていて、何かを入射することが必要な「誘導放射」です。これに対してホーキング放射は、ブラックホールが回転している必要はなく、何も入射しなくてもエネルギーを放射する「自発放射」です。

年）と呼ばれています。アインシュタインの没後、このパラドックスが実験検証できることがわかり、実際に実験した結果、量子もつれ現象はアインシュタインの予想に反して、実在することが判明しました注4。

ホーキングの考えた216ページの(5.1)式によれば、ブラックホールの温度は質量に反比例（あるいは長さスケールに反比例）します。つまり、小さなブラックホールほど大きな温度をもち、より大きなエネルギーを放射します。そうであれば、ブラックホールは最後には爆発的に「蒸発」することになります。

これが、**ブラックホールの蒸発**です。「ブラックホール蒸発」を予言するホーキングの論文は、1976年に『ネイチャー』誌に発表されて、世界中の研究者を仰天させました。しかしホーキングは最初、この論文を他の学術誌に投稿して掲載拒否されたことを著書で語っています。それほど、当初は、物理学者には受け入れがたい結論でした。

ブラックホールには面積増大則があり、ブラックホールは小さくならない、と主張したのもホーキングでした（196ページの囲み）。ブラックホールの蒸発は、その時間発展とは逆の主張で矛盾するように感じます。しかし、面積増大則には「光的エネルギー条件」が仮定されていました。量子効果を考慮すると、このエネルギー

注4　2022年のノーベル物理学賞は、「量子もつれの実験、ベル不等式の破れの確認による量子情報科学の創始」に貢献したアスペ、クラウザー、ツァイリンガーの3名に贈られました。

条件が破られ、局所的にエネルギー密度が負になることがありうるのです。ですので、「ブラックホールの蒸発」は、これまでの議論と矛盾するものではありません。

ホーキング放射やブラックホールの蒸発は、現象としてはまだ観測されたことはありません。もし、宇宙の始まりの時期に、何らかのメカニズムで太陽質量程度のブラックホールが大量に生成されたとすると（原始ブラックホール）、１３８億年経った現在、それらはホーキング放射で最期の瞬間を迎える頃です。正体不明な突発的現象が宇宙で報告されると、さては、ブラックホールの蒸発の瞬間ではないか、とわくわくしている研究者も結構います。

ブラックホールのエントロピー

ブラックホール熱力学で登場するもうひとつの主役である「エントロピー」S_{BH}は、対応関係から、$A_{BH}=4\pi R^2$をブラックホールの表面積として、次のようになります。

$$S_{BH}=\frac{k_B c^3}{4G\hbar}A_{BH} \tag{5.2}$$

ブラックホールのエントロピー　∝　ブラックホールの表面積

提案された当初、このエントロピーの起源は、明らかではありませんでした。というのは、ホーキング放射は物質のもつ量子効果であるのに対し、ブラックホールのエントロピーは、重力の量子効果を表していると考えられ、量子重力理論が完成していない現在ではその説明ができないからです。ですので、このエントロピーの式は「予言」に過ぎず、将来的に量子重力理論を完成させる際の「手がかり」となっていると言えます。

また、熱力学でのエントロピーは、分子の配位できる状態量として計算されるため、3次元の体積に比例するものでしたが、ブラックホールのエントロピーは表面積という2次元の量で表されるものです。この次元の差にも注目していきましょう（次節で解釈の1つが登場します）。

ブラックホールのエントロピーに絡んでは、もう1つ、**情報喪失のパラドックス**と呼ばれる難問もあります。ブラックホールはさまざまなものを呑み込んだのちに、それらをホーキング放射で吐き出して蒸発すると考えると、温度という1つの物理量だけが残り、呑み込まれた物体が持っていた多くの情報が失われたことになります。しかし、量子力学では、「ユニタリ性」という性質があって、情報の消失は禁じられているのです。この矛盾をどう説明するのか、という問題です。

5-5 現在の研究の潮流

ブラックホールの数理的な問題は、将来の量子重力理論の試金石とされていて、多くの研究者が取り組むテーマになっています。最後の節では、最近のこの分野の発展を紹介します。まだアイデアの１つとして登場しているだけで確立した話ではないものも多くあります。

超弦理論とループ量子重力理論

量子重力理論の候補としては、超弦理論とループ量子重力理論の２つがあります。

超弦理論は、量子論をベースに発展している理論です。超ひも理論とも呼ばれますが、素粒子を点粒子とみるのではなく、いろいろなモードで振動する、プランク長さ程度の小さなゴムひものような存在と考えます。ギターやピアノで１つの音を奏でると、その上にたくさんの倍音が発生しますが、超弦理論では、無数の倍音モードがそれぞれ異なる素粒子に対応します。10次元の空間に時間を加えた11次元時空で構成されます。

1995年、センは、数学的に扱いやすい「限界ブラックホール」（最大電荷をもつブラックホールで、ブラックホール蒸発が発生しない）モデルを用いて、事象の地平面のエントロピーを計算し、ブラックホール熱力学で予想されていたエントロピーの式（219ページの(5.2)式）が、弦理論によって予言される情報量（弦の状態数）と正確に一致することを示しました。この一致は、超弦理論がブラックホールと矛盾しないことを示す確かな状況証拠を与えました。センの扱ったブラックホールは特殊な場合のものでしたが、その後、ストロミンジャーらによって広い条件のものへ拡張されたりして、超弦理論においてホーキング放射を説明する仕事へとつながっています。また、超弦理論では質量源が1つの点にはならないため、特異点の問題が生じないことも期待されています。

一方、ループ量子重力理論のほうは、相対性理論をベースに発展している理論です。時間と空間に、プランク時間・プランク長さ程度の最小単位があることを仮定して、重力と量子論の統合を4次元時空で行おうとする理論です。量子化された時空要素を、閉曲線（ループ）のネットワークとして記述します。創始者のアシュテカらは1990年代後半に、ブラックホールのエントロピーが、ブラックホール地平面（正確には見かけの地平面の時間発展面、孤立地平面）を量子化した面積固有値に関するネットワークの自由度として説明できることを報告しています。ただし、地平面以外の影響を完全に含んではおらず、まだ議論が続けられています。

ループ量子重力理論では時空に最小単位を設定するために、特異点の問題が解消される可能性も指摘されています。宇宙初期の特異点については、収縮した宇宙が、最小単位の大きさまでくると、跳ね返って膨張する、といったシナリオが可能になるようですが、ブラックホールの特異点の取り扱いについては、まだ展望が開けていません。筆者もかつて、アシュテカ変数を用いて、葉層構造の時間発展を複素数時空に接続することによって時空のダイナミクスから特異点回避を行う、という手法を提案したことがありますが、まだ本質的な解決には遠い感触を持っています。

ホログラフィ原理の登場

熱力学でのエントロピーは、体積に比例します。気体を入れておく箱を大きくすれば、その体積に応じて分子が増え、エントロピーが増えます。しかし、ブラックホールのエントロピーは３次元空間の体積ではなく2次元曲面から計算される表面積に比例しています。このことから、重力の理論で許される状態数を数えると、あたかも次元を１つ低くしたような特徴がみられることになります。この考えを拡張して、１９９０年代の終わりに生まれたのが、次の発想です。

ホログラフィ原理（予想）

$d+1$次元時空の重力理論は、d次元の重力を含まない場の理論と等価である。

2次元のシートに3次元の像を写し込むホログラムの類推から、この予想を「ホログラフィ原理」といいます。ここで「d次元」という表現をしましたが、我々の感じる3次元空間（時間を含めて4次元時空）を超える次元を、**高次元**あるいは**余剰次元**、その時空を**高次元時空**あるいは**余剰空間**といいます。

ホログラフィ原理が成り立つ代表的な例として、マルダセナが1997年末に**AdS/CFT**《エーディーエスシーエフティー》**対応**（あるいは**ゲージ・重力対応**）を提案しました[参46]。AdSとは反ド・ジッター（anti de-Sitter）時空と呼ばれるもののことで、負の宇宙項がある時空を意味します。CFTは共形場理論（conformal field theory）といわれるもので、長さのスケールを定数倍変化させても変わらない場の理論のことを指します。彼の予想は、次のようなものでした。

AdS/CFT対応あるいはゲージ・重力対応（マルダセナ、１９９７年）

$d+1$次元時空の反ド・ジッター時空での（量子）重力理論は、d次元の共形場理論と等価である。

時空の対称性の自由度と、理論の対称性の自由度が合うことが、予想の根拠です。たとえば、4次元のゲージ理論で複雑で解けないような問題があっても、それは5次元の超弦理論（あるいはもっと大雑把に一般相対性理論）と等価であるので、５次元の重力理論を考えればよい、という主張です。

マルダセナによる予想の直後から、AdS/CFT対応が成り立つ例は数多く発見されてきました。原子核物理学（クォーク・グルーオン・プラズマの輸送係数、電気伝導度など）、量子もつれ状態のエントロピーの定義などのほか、温度の影響を加味した量子論、さらには超伝導体への応用など、さまざまな分野での対応が議論されています。基礎的なメカニズムについては依然として十分に理解されているわけではありません。負の宇宙項をもつ時空は収縮するものですから、現実の膨張宇宙とは相いれませんが、素粒子理論とは相性がよいものと考えられています。今後、ブラックホールを研究することが、超伝導研究にも応用されるようになるとしたら、とても魅力的な話です。

ブレーンワールド

1990年代の終わり、**ブレーンワールド**といわれるパラダイムの提案がありました。ブレーンとは英語で「膜」(membrane)を意味します。我々のいる4次元時空は、じつはもっと高次元の世界の中にあり、その中に漂う膜のような4次元世界なのではないか、というアイデアです。

先に紹介した量子重力理論の候補の1つ、超弦理論は11次元時空で構成されます。そうであれば、素粒子以下のスケールでは何らかの方法で次元が縮小するメカニズムがあるか、私たちが認識しない余剰次元が見えてくると考えられます。

物理学に登場する基本的な4つの力のうち、重力だけが他の3つの力(電磁気力、弱い核力、強い核力)に比べて極端に弱いことも、素粒子論では大きな問題です。これは**階層性問題**と呼ばれています。

そんな折に出てきたパラダイムが、ブレーンワールドでした。

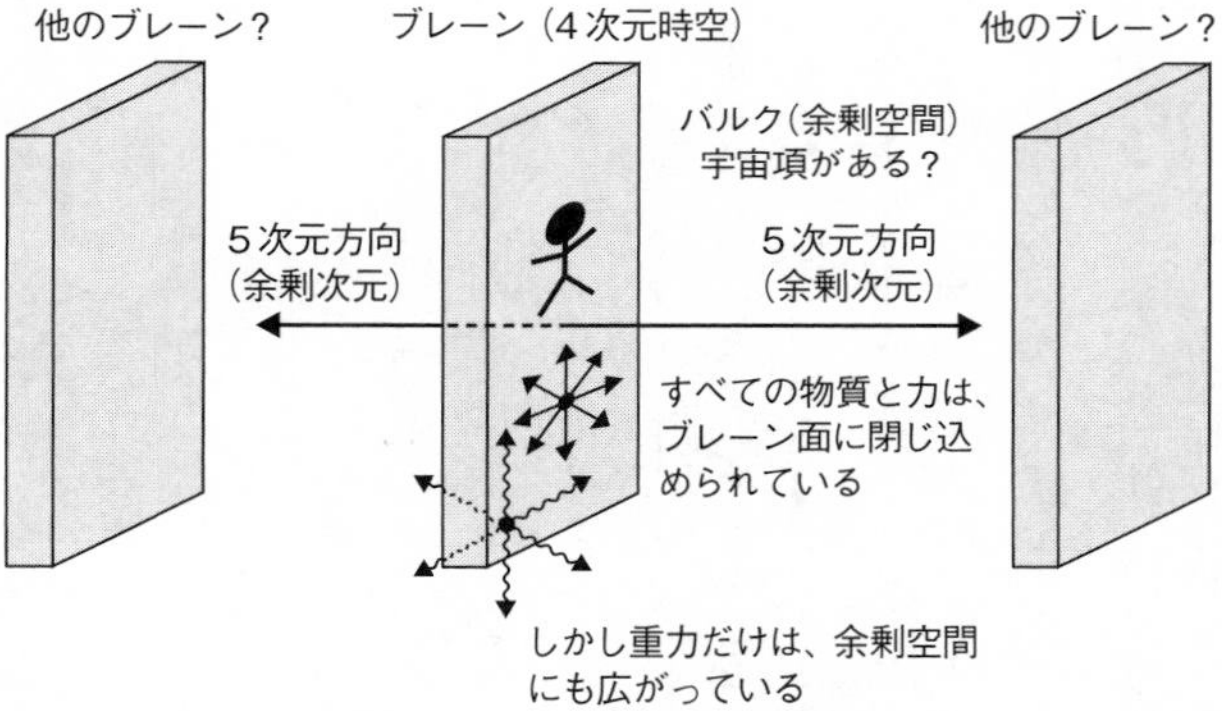

図5-4　ブレーンワールドモデル
我々は５次元時空中での４次元の膜（ブレーン）にとらわれている、と考える。重力だけは５次元目の余剰次元を伝わることができるので、他の力と比べて弱いことが自然に説明できることになる

「我々が感知するのは４次元時空の膜であり、物質も重力以外の３つの力もこの膜に閉じこめられている。しかし、重力だけは余剰次元を伝わる存在である」。こう考えると、重力だけが極端に弱いことも説明でき、階層性問題は自然に解決できることになります。

現在、万有引力の法則（↓図１‐７）は、０・１㎜程度の距離まで正しいことが確認されていますが、それより小さなスケールでは静電気力が邪魔して、なかなか確認されていません。ということは、万有引力の法則が成立していないかもしれません。

つまり、０・１㎜より小さなスケールでは、重力は５次元以上に伝わっている可能性があり、余剰次元の大きさは０・１㎜程度まで許されることになります。素粒子のレベルから考えると、とてつもなく「大きな余剰次元」です。このような大きな余剰次元モデルを、提案者3人（Arkani-Hamed, Dimopoulos, Dvali）の頭文字をとってADDブレーンワールドモデルといいます。

さらに、ランドールとサンドラムは、負の宇宙項がある余剰空間中に4次元ブレーンを考えれば、ブレーン上は平らな時空をつくることができることを発見しました。ブレーンの曲率がゼロとなるならば、現在、曲率がゼロに近い現実の宇宙モデルを構築することが可能になります。

こうして、今世紀に入ってから、高次元時空での宇宙モデルやブラックホールの研究が精力的に行われるようになりました。

スイスにあるCERN《セルン》の素粒子加速器実験で、ブレーンワールドモデルの検証ができる可能性も指摘されています。もし大きな余剰次元があるならば、陽子どうしの衝突後のサイズがブラックホールの地平面以内のサイズになることから、加速器実験で陽子スケールの非常に小さなブラックホールが生成されるかもしれません。衝突直後は歪んだ形のブラックホールかもしれませんが、おそらくすぐに重力波を放出して、平衡状態になるでしょう。そして、ホーキング放射をして1秒もしないうちに蒸発していくにちがいありません。加速器実験ではホーキング放射があれば観測できるはずですし、重力波を放出するならばそのエネルギーは余剰空間へも逃げ出すはずです。エネルギーが保存されず一部のエネルギーが抜けていくことがわかれば、余剰次元の存在の証拠が得られることにもなります。

ＣＥＲＮの実験は２００７年からエネルギースケールを大きくしたものが開始され、２０１２年にはヒッグス粒子の発見を報告しています。以後も素粒子の標準理論を超える理論の兆候を見つけるための実験が続いていますが、２０２２年現在、まだそうした報告はありません。ブレーンワールドモデルを支持する実験結果も得られていません。ですが、ブレーンワールドの理論が否定されたわけではありません。現在の実験装置で到達できない場合は、もっと高エネルギー領域で（現在の想定よりも小さなスケールで）余剰次元が存在する可能性があるため、ブレーンワールドモデルのパラダイムは、今後もずっと残ることでしょう。

高次元ブラックオブジェクト

高次元でのブラックホール研究が進むと、４次元時空でのいろいろな定理が成り立たないことがわかってきました。

たとえば、高次元時空では４次元のときと同じように球対称ブラックホール（４次元ではシュヴァルツシルト・ブラックホール）も、軸対称ブラックホール（４次元ではカー・ブラックホール）も存在します。しかし、４次元では両者とも安定であることが示されましたが、高次元では、高速に回転しているブラックホールは不安定になるだろうと予想されています。

また、５次元時空では無限に細長い、紐のようなブラックホールが存在できて、ブラックストリングと呼ばれています。しかし、ブラックストリングは長波長のゆらぎに対して不安定であることが以前から知られていました。最終的な運命については長い間謎でしたが、数値シミュレーションしたレーナーとプレトリアスは２０１０年に、有限時間でストリングが切れることを示唆する結果を得ています[参49]。近年、こうした数値シミュレーションが盛んに行われるようになってきていて、ブラックストリングの地平面がちぎれると裸の特異点が出現し、弱い宇宙検閲官仮説の破れがみられる、との報告がなされています。理論的な解析を進める研究によると、時空の次元が13次元を超えると、この不安定性が消えるようだという話もあります。

高次元では空間の自由度が増えるために、さまざまな形のブラックホールが存在することもわかっています。５次元ではドーナツ型の地平面をもつブラックリングが存在します（２００１年にエンパランとリアルが発見[参50]）。地平面内の回転とドーナツ全体の回転がバランスよくつりあって定常となる解が存在するのです。このブラックホールを遠方から見ると、１つの回転ブラックホールと同じ質量と角運動量を持つ場合があり、区別ができない、つまり唯一性定理が成り立たなくなることもわかります。

さらに別の解として、中心にブラックホールがあってそのまわりにドーナツ型のブラックリングがあるもの（ブラックサターン、サターンは「土星」の意味）、リングの外側にさらにリングがあるもの、などなど、奇妙な形のブラックホール解が存在することもわかっています。これらをすべてまとめて、**ブラックオブジェクト**と呼ぶようにもなりました。これらのブラックオブジェクトの安定性については、不明な点が多く、今後、数値シミュレーションを使った研究が必要とされています。

エンタングルメント・エントロピー

５－４節でホーキング放射の要因は、「量子もつれ（量子エンタングルメント）」を引き起こす粒子の対であることに触れました。量子もつれは、重力の影響を含まない量子論で生まれた概念で、距離を超えて相関をもつ、という性質です。これは量子論が決める「状態」が確率的なもので、あらゆる状態の重ね合わせとして存在していて、観測することで状態が確定するという考えから導かれます。この相関の大きさを示す量を**エンタングルメント・エントロピー**といいます。具体的には、ペアで生じた粒子のうちの１つだけを見ていて、片方を観測できないときのエントロピーといえます。

いま、自分が観測する領域をＡとし、観測できない領域をＢとします。この場合のエンタングルメント・エントロピーの計算について、笠真生《りゅうしんせい》（現プリンストン大学教授）と高柳匡《たかやなぎただし》（現京都大学基礎物理学研究所教授）は２００６年に、AdS/CFT対応（ゲージ・重力対応）を用い

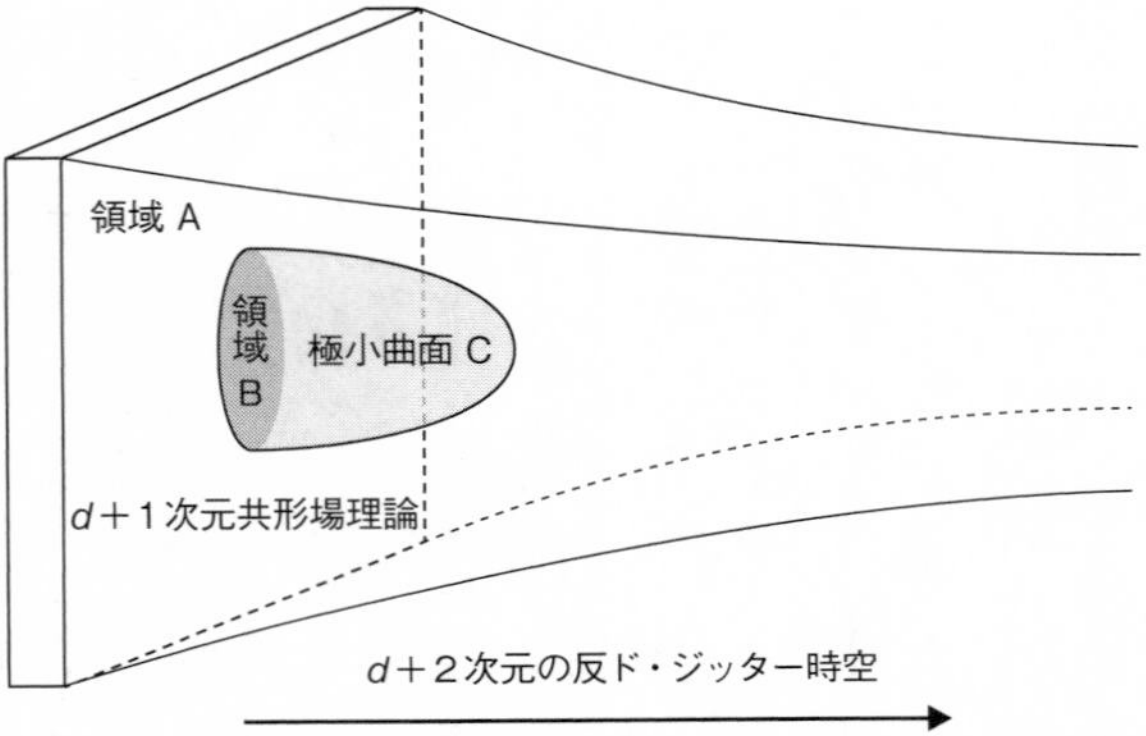

図5-5　笠・高柳によるエンタングルメント・エントロピーの計算法
d＋1次元で表される時空（領域Aのブレーン）でエンタングルメント・エントロピーを計算するときには、その領域Aから切り離された領域Bの端に注目する。そして1つ次元を上げたd＋2次元の反ド・ジッター時空で、領域Bを端とする極小曲面Cを描き、その表面積を計算すればよい

た方法を提案し、注目を集めました[参51]。

そのアイデアを、図5－5に示します。観測者がブレーンで描かれた領域Aにいるとします。観測できない領域Bをブラックホールに見立てて、AとBは切り離された時空であるとします。そして、ブレーンから1つ次元を上げた反ド・ジッター時空にて、Bを端とするシャボン玉のような極小曲面Cを描きます。その表面積がエンタングルメント・エントロピーとなるのです。笠・高柳のこの公式は、領域Aが大きいときにはブラックホールのエントロピーに一致することから、ブラックホールのエントロピーの考えを一般化したものといえます。

5－4節では「情報喪失のパラドックス」にも触れました。ブラックホールがホーキング放射で蒸発したならば、ブラックホールが呑み込んだ情報はどこへ消え去ってしまったのか、という問題でした。ブラックホールが蒸発している過程で、どれだけ情報を失ったのかを表す量は、放射とブラックホール間の量子もつれを考えることで計算できます。これもエンタングルメント・エントロピーです。その量は次第に増加し、ブラックホールが蒸発して消滅した瞬間に最大値となります。

情報の喪失をなくすためには、エントロピーの増加を止めなければなりません。そのためには、「物理現象は非局所的である（ブラックホール内の情報が消えると同時に、何らかの手段でブラックホールの外側に情報が生じる）ような考えが必要だ」という大胆な提案を2013年、アルムヘイリ・マロルフ・ポルチンスキー・サリーの4人がしましたが、そのようなモデルでは事象の地平面付近に（ファイアウォールと彼らが名づけた）エネルギーの壁が生じてしまって、ブラックホールの内部が存在しないというパラドックスを生んでしまいました。

2019年になって、アルムヘイリ・ハートマン・シャグーリアン・タジディーニの4人は、ファインマンの発案した経路積分[注5]という手法を用いて、量子論的な時空での可能な重ね合わせをすべて考えると、複数のブラックホールにホーキング放射

注5　経路積分とは、量子力学での計算手法の1つで、粒子の移動を、起こりうるすべての経路の重ね合わせとして導く方法です。

を加え合わせた時空では、ブラックホール間を結ぶワームホールの生成確率が高くなることを報告します[参52]。彼らは、ブラックホール内部が他のブラックホールとつながる部分を「アイランド」と呼びました。アイランドからワームホールを通じて他のブラックホール内部と接続する確率がわずかにでもあれば、ブラックホール内部の量子もつれが他のブラックホールに移動することで、情報喪失のパラドックスは解決できると主張しています。

ブラックホールの内部に発生したゼロ割りの特異点問題を解消しようとして、アインシュタインはかつてブラックホールとホワイトホールがつながるワームホール構造を考えましたが（当時は、ブラックホールという語もワームホールという語もなかったので、「アインシュタイン・ローゼン橋」と呼ばれました）、「アイランド」はもう一方もブラックホールにした形で、そのような考えがありえるという定量的な予測です。

魅力的な話ではありますが、不明な点が多いのも確かです。しかし、笠・高柳の公式を蒸発するブラックホールに適用した1つの例ではありますし、量子論では、わずかでも生じうる確率があれば現実に生じると考えますので、ありえないとも言い切れません。量子重力理論の研究で「アイランド」のアイデアが重要になるのであれば、量子重力理論では、そもそもブラックホール内部に特異点など存在しないから心配ない、という結論になるのかもしれません。

真偽はまだわかりませんが、特異点と物理学者たちの攻防は、まだまだ続きそうです。

あとがき

ホーキングとソーンの賭け

カリフォルニア工科大学のプレスキルとソーンが1991年、ケンブリッジにホーキングを訪ねたとき、宇宙検閲官仮説に話が及んだそうです。ホーキングが「宇宙検閲官仮説を信じている」と二人に語ったとき、二人は「裸の特異点や量子重力効果が検出される可能性もあるかもしれない」と応じました。長い沈黙のあと、ホーキングが「じゃあ、賭けるか？」と賭けを持ちかけたのだそうです。

ホーキングとソーンの余興としての賭けごとはこの時に始まったわけではなく、二人は、はくちょう座X－1がブラックホールかどうかでも賭けていました（ブラックホールである、に賭けたソーンの勝ち）。カリフォルニア工科大学のソーンの部屋の前の廊下には、ホーキングとの賭けの結果を示す証書が誇らしげに掛けられています。

宇宙検閲官仮説に関する賭けは、どちらが正しいかが判明した時点で「敗者は裸体を覆う着物を勝者に与えること」と取り決められ、1991年9月24日付で3人は調印します。

その後すぐに、シャピーロとテューコルスキーによる裸の特異点形成の論文が出され、また、チョプティックのシミュレーションによるブラックホールの臨界現象も示されました（第4章の4－2）。すなわち、ホーキングの負けでした。彼は二人にTシャツを贈呈したそうですが、そのときに、ちょっとした反抗を試みます。彼は、カリフォルニア工科大学で1000人の聴衆を前に講演を行ったときに、プレスキルに、ほぼ裸の女性が描かれたTシャツを着せて当惑させたのです。そしてホーキングは「自然は裸の特異点を嫌う」と読み上げました。

そのあとホーキングは懲りずに、賭けの続きを提案します。もう少し厳密な表現を持ち出して「一般的な初期条件では、裸の特異点は発生しない」と主張したのです。軸対称形状や臨界的な極限などの特殊な状況で裸の特異点を議論するのではなく、もっと一般的な条件で決定したい、というわけです。ソーンとプレスキルはそれでも「裸の特異点の出現はありえる」派として応じ、1997年2月5日、「敗者は裸体を覆う着物を勝者に与え、その着物には敗北を認める文章を入れること」という賭けが成立しました。

ホーキングは、この勝負の決着を見ぬまま、旅立ってしまいました。賭けは25年経ったいまでも未解決問題として残されています。はたして今後、一般的な条件下で、裸の特異点の発生が回避できるメカニズムが解明されるのかどうか、まだわかりません。この先10年以上かかるかもしれませんし、ある天才的な研究者が現れて、さっと解決してしまうかもしれません。

一般相対性理論はどこまで正しいか

本書では、次のような話を展開してきました。

・一般相対性理論にもとづくと、ブラックホールや宇宙膨張の解が得られること。そしていずれの解も、特異性のある点を含んでいること。

・時空に特異点が存在してしまうのは一般的であることが「特異点定理」として示されていること（時空の対称性や、具体的な解に依存しない証明がされていること）。

・特異点がブラックホールの内部に隠されない「裸の特異点」が出現する可能性を却下するために「宇宙検閲官仮説」が提案されたが、特殊な場合では成立しないことが指摘されていること。

・特異点定理や宇宙検閲官仮説が、新しい研究の扉を開いてきたこと。

はたして、私たちは時空特異点に対して、どう考えていけばよいのでしょうか。いろいろな意見があることでしょう。

・特異点の出現問題は、おそらくブラックホールの内側だけの問題だろうから、放置してお いてよい。
・特異点の出現は、理論の不完全さを示しているので、決して現れることがないように理論を修正すべきだ。
・特異点の出現は、次のステップの理論への足がかりとなるから歓迎すべきだ。

どの立場が正しいのかはわかりませんが、現状では「一般相対性理論を超える理論が欲しい」というのが研究者に共通する認識だと思います。

研究を進めるうえではいろいろなアプローチがあることが重要です。その1つがときとして突破口となって、大きく研究が進展します。これまで想像もしていなかった展開が見られ、私たちの自然観が大きく変貌することも多々あります。いろいろなアンテナを張りながら、研究者たちは自由な発想で考えを進めているのです。

アインシュタインが一般相対性理論を発表して100年以上が経ちました。この間、一般相対性理論に対する検証実験や観測との比較が続けられています。アインシュタインの理論を内包する形で多くの重力理論が提案されていますが、100年間のどの検証実験においても、どの観測結果においても、アインシュタインの一般相対性理論が一番良く合う、という状況です。一般相対性理論は数々の検証実験・検証観測に耐えてきて、他の重力理論はどんどん棄却されているのです。

相対性理論は、のちに提案された他のどの重力理論よりも数学的にシンプルなものです。シンプルな理論が生き残ることに、物理学の深遠さを感じます。しかし、どこかで相対性理論の破れが見つからないと、次の物理学のステージにたどり着けないのも事実です。

私自身も、重力波のデータ解析などを通じて一般相対性理論の検証に関わっていますが、アインシュタインの理論が一番だ、という結果に接するたびに、うれしいような、残念なような、複雑な気持ちを抱いています。

謝辞

本書を企画され、辛抱強く原稿の完成をお待ちいただいた講談社ブルーバックス出版部の山岸浩史さんにお礼申し上げます。「宇宙検閲官仮説」で一冊を、との依頼を受けたとき、数学的で難解な内容になることが予想され、その背景となる考えや研究者たちの思考を平易に説明するには私の力量を超えるとも思い、躊躇したことは事実です。しかし、研究者たちが楽しみながら思考や考察を進め、ときには仰天するような話に右往左往している姿を伝えることで、この分野の面白さも伝えたいと考えていました。山岸さんからは、本書を読みやすくする提案をたくさんいただきました。

いまから25年ほど前、私はアメリカの大学でポストドクターの研究員として武者修行をしていました。そのうちの2年間を、本書の最終章に登場したアブハイ・アシュテカ氏が組織する、ペンシルバニア州立大学の「重力物理と幾何学センター」（現・重力と宇宙研究所）で過ごしました。

量子重力・重力波・数値相対論の3つの分野の研究者がいましたが、そのすべてのセミナーに全センター員が毎週参加できる規模の研究所でした。そのような研究交流ができる環境を維持したい、と宣言したアシュテカ氏に、私を含めセンター員が懸命に応えていたこともありますが、自分の研究分野以外でも気軽に質問ができる研究環境はとても貴重だったと思います。山の中にある大学しかない小さな町でしたが、相対性理論の多くの研究者が訪れ、さまざまなトピックを提供してくれましたし、多くの知り合いができました。ロジャー・ペンローズ氏も一年のうち数ヵ月をペンシルバニアで過ごしていて、私は隣のオフィスにいたペンローズ氏に「ロジャー、おはよう」と挨拶する機会が何回もありました。本書では、彼の特異点定理と宇宙検閲官仮説を紹介することが目的でしたが、論文を読み返すことで、彼の柔軟で大胆な発想に改めて触れることになり、私自身も若返った気になりました。

私自身は、重力波プロジェクトKAGRAの研究者代表として、米欧のLIGO、Virgoプロジェクトとの連携を進めることがここ数年間の主要業務になっていましたので、本書執筆のご依頼を受けてから原稿ができあがるまでに2年以上を要してしまいました。執筆を通じて、文献を調査するうちに、これから研究を進めるうえでのヒントをいくつか再発見できたことも事実です。近いうちに研究成果を通じて、皆様に還元していきたいとも考えております。

真貝寿明

２０２２年12月

参考文献

●特異点定理に関する教科書（大学院生向け）には、次のものがある。

［1］S. W. Hawking & G. F. R. Ellis, *The Large Scale Structure of Space-Time* (Cambridge: Cambridge University Press, 1973). 邦訳：スティーヴン・W・ホーキング、ジョージ・F・R・エリス著、富岡竜太、鵜沼豊、クストディオ・D・ヤンカルロス・J訳『時空の大域的構造』（プレアデス出版、２０１９）

［2］R. M. Wald, *General Relativity* (University of Chicago. Press, 1984)

［3］石橋明浩『ブラックホールの数理　その大域構造と微分幾何』（サイエンス社、２０１８）

［4］井田大輔『現代相対性理論入門』（朝倉書店、２０２２）

より一般向けの解説として、次の事典を挙げる。

［5］安東正樹・白水徹也編集幹事／浅田秀樹・石橋明浩・小林努・真貝寿明・早田次郎・谷口敬介編『相対論と宇宙の事典』（朝倉書店、２０２０）

●第1章　一般相対性理論とは

[6] 真貝寿明『ブラックホール・膨張宇宙・重力波　一般相対性理論の１００年と展開』（光文社新書、２０１５）
[7] 真貝寿明『現代物理学が描く宇宙論』（共立出版、２０１８）

●第2章　アインシュタイン方程式の解

[8] J. R. Oppenheimer & H. Snyder, Physical Review 56 (1939) 455.
[9] R. Penrose, Physical Review Letters 10 (1963) 66.
[10] キップ・S・ソーン著、林一・塚原周信訳『ブラックホールと時空の歪み』（白揚社、１９９７）
[11] B. Carter, Physical Review 141 (1966) 1242.
[12] R. P. Kerr, Physical Review Letters 11 (1963) 237.
[13] G. Lemaitre, Ann. Soc. Sci. de Bruxelles, 47 (1927) 49.
[14] E. Hubble, Proc. National Acad. Sci. 15 (1929) 168.
[15] G. Gamow, *My World Line* (Viking, New York, 1970) p44 にあるらしい（未確認）
[16] A. A. Penzias & R. W. Wilson, Astrophysical J. 142, 419 (1965); R. H. Dicke, P. J. E. Peebles, P. G. Roll & D. T. Wilkinson, Astrophysical J. 142, 414 (1965).

●第3章　特異点定理

[17] R. Penrose, Physical Review Letters 14(1965)57.
[18] L. S. Penrose & R. Penrose, British J. Psychology 49(1958)31.

●第4章　宇宙検閲官仮説

[19] R. Penrose, Nuovo Cimento Series I, 1(1969)252.
[20] R. Penrose, Annals of the New York Academy of Sciences 224(1973)125.
[21] D. M. Eardley & L. Smarr, Physical Review D. 19(1979)2239.
[22] D. Christodoulou, Classical and Quantum Gravity 16(1999)A23.
[23] A. Ori & T. Piran, Physical Review D 42(1990)1068.
[24] T. Harada, Physical Review D 58(1998)104015.
[25] K. S. Thorne, in *Magic Without Magic: John Archibald Wheeler*, edited by J. Klauder (Freeman, San Francisco, 1972)
[26] T. Nakamura, S. Shapiro & S. Teukolsky, Physical Review D 38(1988)2972.
[27] S. Shapiro & S. Teukolsky, Physical Review Letters 66(1991)994.

[28] Y. Yamada & H. Shinkai, Classical and Quantum Gravity 27(2010)045012; Y. Yamada & H. Shinkai, Physical Review D 83(2011)064006.

[29] M. W. Choptuik, Physical Review Letters 70(1993)9.

[30] T. Koike, T. Hara, & S. Adachi, Physical Review Letters 74(1995)5170.

[31] E. Poisson, & W. Israel, Physical Review D 41(1990)1796.

[32] L. Burko, Physical Review D 66(2002)024046.

[33] M. Dafermos & J. W. Luk, arXiv:1710.01722.

[34] M. S. Morris & K. S. Thorne, American Journal of Physics 56(1988)395.

[35] M. S. Morris, K. S. Thorne & U. Yurtsever, Physical Review Letters 61(1988)1446.

[36] O. James, E. von Tunzelmann, P. Franklin, and K. S. Thorne, Classical and Quantum Gravity, 32(2015)065001(http://arxiv.org/abs/1502.03808); American Journal of Physics (2015)(http://arxiv.org/abs/1502.03809)

●第5章　特異点定理と宇宙検閲官仮説の副産物

[37] R. Schoen, & S.-T. Yau, Communications in Mathematical Physics 65(1979)45; Communications in Mathematical Physics 79(1981)231.

[38] E. Witten, Communications in Mathematical Physics 80(1981)381.

[39] G. W. Gibbons, in *Global Riemannian Geometry* ed. by T. J. Wilmore & N. J. Hitchin(New York: Ellis Horwood, 1984); Classical and Quantum Gravity 14(1997)2905.

[40] N. S. Trudinger, Ann. Inst. H. Poincaré 11(1994)411.

[41] W. Israel, Physical Review 164(1967)1776.

[42] S. Chandrasekhar, "Shakespeare, Newton, and Beethoven", Ryerson Lecture, University of Chicago, 1975; reprinted in S. Chandrasekhar, *Truth and Beauty*(University of Chicago Press, 1987).

[43] R. Ruffini & J.A. Wheeler, Physics Today(1971)30.

[44] J. M. Bardeen, B. Carter, S. W. Hawking, Communications in Mathematical Physics 31(1973)161.

[45] S. W. Hawking, Nature 248(1974)30.

[46] J. M. Maldacena, Adv. Theor. Math. Phys. 2(1998)231.

[47] N. Arkani-Hamed, S. Dimopoulos, G. Dvali, Physics Letters B429(1998)263; Physical Review D 59(1999)086004.

[48] L. Randall, & R. Sundrum, Physical Review Letters 83(1999)3370; Physical Review

Letters 83 (1999) 4690.
[49] L. Lehner & F. Pretorius, Physical Review Letters 105 (2010) 101102.
[50] R. Emparan & H. S. Reall, Physical Review Letters 88 (2002) 101101.
[51] S. Ryu & T. Takayanagi, Physical Review Letters 96 (2006) 181602. 日本語で高柳氏が書いた『ホログラフィー原理と量子エンタングルメント』（高柳匡著、サイエンス社、２０１４）もある。
[52] A. Almheiri, T. Hartman, J. Maldacena, E. Shaghoulian & A. Tajdini, J. High Energy Physics 05 (2020) 013.

【用語さくいん】

さくいん

【人名さくいん】

人名の英語表記一覧

さくいんでカタカナ表記した人名の英語表記(生没年も記す)

Ashtekar, Abhay
アシュテカ (1949–)
Bardeen, James M.
バーディーン (1939–2022)
Beckenstein, Jacob
ベッケンスタイン (1947–2015)
Birkoff, George D.
バーコフ (1884–1944)
Bondi, Hermann
ボンディ (1919–2005)
Carter, Brandon
カーター (1942–)
Cauchy, Augustin L.
コーシー (1789–1857)
Chandrasekhar, Subrahmanyan
チャンドラセカール (1910–1995)
Choptuik, Matthew
チョプツィック (??–)
Christodoulou, Demetrios
クリストドウロウ (1951–)
Copernicus, Nicolaus
コペルニクス (1473–1543)
Dafermos, Mihalis
ダフェルモス (1976–)
de Coulomb, Charles-Augustin
クーロン (1736–1806)
de Sitter, Willem
ド・ジッター (1872–1934)
Descartes, René
デカルト (1596–1650)
Dicke, Robert H.
ディッケ (1916–1997)
Eddington, Arthur S.
エディントン (1882–1944)
Einstein, Albert
アインシュタイン (1879–1955)
Emparan, Roberto
エンパラン (1967–)
Escher, M.C.
エッシャー (1898–1972)
Feynman, Richard P.
ファインマン (1918–1988)
Finkelstein, David
フィンケルシュタイン (1929–2016)
Friedman, Alexander A.
フリードマン. (1888–1925)
Galilei, Galileo
ガリレイ (1564–1642)
Gamow, George
ガモフ (1904–1968)
Genzel, Reinhard
ゲンツェル (1952–)
Ghez, Andrea M.
ゲズ (1965–)
Gibbons, Gary W.
ギボンズ (1946–)
Grossmann, Marcel
グロスマン (1878–1936)
Hawking, Stephen W.
ホーキング (1942–2018)
Hertz, Heinrich R.
ヘルツ (1854–1894)
Hubble, Edwin P.
ハッブル (1889–1953)
Israel, Werner
イスラエル (1931–2022)
Kepler, Johannes
ケプラー (1571–1630)
Kerr, Roy
カー (1934–)
Lanczos, Cornelius
ランチョス (1893–1977)
Lehner, Luis
レーナー (1970–)
Leibniz, Gottfried W.
ライプニッツ (1646–1716)
Lemaitre, Georges-Henri
ルメートル (1894–1966)
Luk, Jonathan W.
ルーク (1983–)
Maxwell, James C.
マクスウェル (1831–1879)
Minkowski, Hermann
ミンコフスキー (1864–1909)
Newman, Ezra T.
ニューマン (1929–2021)
Newton, Isaac
ニュートン (1642–1727)
Oppenheimer, J. Robert
オッペンハイマー (1904–1967)
Peebles, P.J.E.
ピーブルズ (1935–)
Penrose, Roger
ペンローズ (1931–)
Penzias, Arno A.
ペンジアス (1929–)
Preskill, John
プレスキル (1953–)
Pretorius, Frans
プレトリアス (1973–)
Randall, Lisa
ランドール (1962–)
Raychaudhuri, Amal K.
レイチャウドウリ (1923–2005)
Reall, Harvey
リアル (??–)
Riemann, Georg F. B.
リーマン (1826–1866)
Robertson, Howard P.
ロバートソン (1903–1961)
Robinson, David C.
ロビンソン (??–)

N.D.C.421　254p　18cm

ブルーバックス　B-2223

宇《う》宙《ちゅう》検《けん》閲《えつ》官《かん》仮《か》説《せつ》

「裸の特異点」は隠されるか

2023年 2 月20日　第 1 刷発行

著者　真貝寿明《しんかいひさあき》

発行者　鈴木章一

発行所　株式会社講談社

〒112-8001　東京都文京区音羽2-12-21

電話　出版　03-5395-3524

販売　03-5395-4415

業務　03-5395-3615

印刷所　（本文印刷）株式会社新藤慶昌堂

（カバー表紙印刷）信毎書籍印刷株式会社

製本所　株式会社国宝社

定価はカバーに表示してあります。

落丁本・乱丁本は購入書店名を明記のうえ、小社業務宛にお送りください。送料小社負担にてお取替えします。なお、この本についてのお問い合わせは、ブルーバックス宛にお願いいたします。

ISBN978－4－06－530995－7

発刊のことば

科学をあなたのポケットに

二十世紀最大の特色は、それが科学時代であるということです。科学は日に日に進歩を続け、止まるところを知りません。ひと昔前の夢物語もどんどん現実化しており、今やわれわれの生活のすべてが、科学によってゆり動かされているといっても過言ではないでしょう。

そのような背景を考えれば、学者や学生はもちろん、産業人も、セールスマンも、ジャーナリストも、家庭の主婦も、みんなが科学を知らなければ、時代の流れに逆らうことになるでしょう。

ブルーバックス発刊の意義と必然性はそこにあります。このシリーズは、読む人に科学的に物を考える習慣と、科学的に物を見る目を養っていただくことを最大の目標にしています。そのためには、単に原理や法則の解説に終始するのではなくて、政治や経済など、社会科学や人文科学にも関連させて、広い視野から問題を追究していきます。科学はむずかしいという先入観を改める表現と構成、それも類書にないブルーバックスの特色であると信じます。

一九六三年九月　　野間省一